BEI GRIN MACHT SICH IHR WISSEN BEZAHLT

- Wir veröffentlichen Ihre Hausarbeit, Bachelor- und Masterarbeit

- Ihr eigenes eBook und Buch - weltweit in allen wichtigen Shops

- Verdienen Sie an jedem Verkauf

Jetzt bei www.GRIN.com hochladen und kostenlos publizieren

Ernst Hunsicker

Kooperation zwischen der MEYER WERFT (Papenburg) und den Betreibern der Magnetschwebebahn Transrapid (Lathen/Dörpen)

Visionäre Gedankenspiele oder blanke Utopie?

GRIN Verlag

Bibliografische Information der Deutschen Nationalbibliothek:

Die Deutsche Bibliothek verzeichnet diese Publikation in der Deutschen National-bibliografie; detaillierte bibliografische Daten sind im Internet über http://dnb.d-nb.de/ abrufbar.

Impressum:

Copyright © 2012 GRIN Verlag, Open Publishing GmbH
Druck und Bindung: Books on Demand GmbH, Norderstedt Germany
ISBN: 978-3-656-14992-7

Dieses Buch bei GRIN:

http://www.grin.com/de/e-book/190522/kooperation-zwischen-der-meyer-werft-papenburg-und-den-betreibern-der

Ernst Hunsicker

Kooperation zwischen der MEYER WERFT (Papenburg) und den Betreibern der Magnetschwebebahn Transrapid (Lathen/Dörpen)

Visionäre Gedankenspiele oder blanke Utopie?

Vorwort

Die MEYER WERFT in Papenburg: Segen oder Fluch? Das ist die Frage widerstreitender Interessen seit vielen Jahren. Die MEYER WERFT einerseits als wichtiger Wirtschaftsfaktor von herausragender Bedeutung, aber andererseits durch die Überführung riesiger Kreuzfahrtschiffe durch die ursprünglich schmale und flache Ems in der Kritik. Die Kritiker fordern eine Verlagerung (komplett oder teilweise) an die Nordsee. Dazu könnte sich der Rysumer Hafen in Emden anbieten.

Die Teststrecke der Magnetschwebebahn Transrapid in Lathen/Dörpen (Nähe Papenburg) steht vor dem Aus. Mit dem Rückbau sollte Anfang 2012 begonnen werden. Deutsche Referenzstrecken sind aktuell nicht in Aussicht.

Ernst Hunsicker, der Autor dieses Buches, bietet zunächst eine Auswahl an Fakten und Einschätzungen zur MEYER WERFT, zur Magnetschwebebahn Transrapid, zur Ems und zum regionalen Umfeld.

Im Ergebnis geht es *Hunsicker* darum, ob es zu einer Kooperation zwischen der MEYER WERFT und den Betreibern der Magnetschwebebahn Transrapid kommen kann, wenn die Werft am Standort Papenburg für den Bau kleinerer Schiffe erhalten bleibt, aber der Bau der Großschiffe an die Nordsee (z.B. Rysumer Hafen, Emden) verlagert wird.

Die Magnetschwebebahn Transrapid als deutsche Referenzstrecke zwischen Papenburg und Emden wäre dabei auch als Transportmittel für Personal und Material der MEYER WERFT von Bedeutung.

Die Energieversorgung der Magnetschwebebahn Transrapid könnte zum Teil durch Windenergie erfolgen, was sich wegen der windreichen Küstenregion (onshore) und der nahen Nordsee (offshore) aufdrängt.

Eine Transrapidstrecke zwischen Papenburg und Emden als Test-, Betriebs- und Referenzstrecke würde wohl auf Dauer von Subventionen abhängig sein.

Visionäre Gedankenspiele oder blanke Utopie? – das ist die alles entscheidende Frage.

Bad Iburg, im März 2012

Überblick

____

Anhang

1.   **Vorbemerkung**

Sicherlich wird man sich fragen, warum sich der *Hunsicker* als Laie dieser Thematik annimmt. Es gibt doch genug Experten zu den Themen „MEYER WERFT", „Magnetschwebebahn Transrapid" und „Untere Ems". Wenn diese Experten nicht auf eine Kooperation von MEYER WERFT und Magnetschwebebahn Transrapid gekommen sind, dann können *Hunsickers* Gedanken nicht visionär, sondern allenfalls utopisch sein. Vielleicht reden ja auch mache von totalem Unsinn. Damit kann ich leben.

Als „alter Emsländer" (vgl. „Aus der Vita des Verfassers") mit ausreichend emotionaler und auch fachlicher Distanz zu dieser Thematik habe ich die Berichterstattung zu diesen Komplexen aufmerksam verfolgt. Irgendwann habe ich mich gefragt, ob es evtl. eine umfassende Lösung wegen der örtlichen Nähe von MEYER WERFT und Magnetschwebebahn Transrapid geben könnte. Diese Gedanken sind nach und nach gereift, und ich habe meine ersten Gedanken schriftlich niedergelegt, um mich dann näher mit dieser komplexen Thematik zu befassen. Nicht selten hatte ich vor, mich von dem entstehenden Manuskript wegen erheblicher Selbstzweifel zu verabschieden. Aber irgendwie ging es dann doch weiter.

Hinzu kommt, dass sich die Region im äußersten Nordwesten unserer Republik für die Nutzung von Windkraftanlagen aufdrängt. Der so erzeugte Strom könnte auch zum Antrieb der Magnetschwebebahn Transrapid genutzt werden.

2.   Region nördliches Emsland und Ostfriesland

Die Standorte der MEYER WERFT (Papenburg) und der Magnetschwebebahn Transrapid (Lathen/Dörpen) befinden sich im nördlichen Emsland.

Diese Standorte strahlen aber auch in Richtung Ostfriesland aus.
Deshalb sind die Regionen Emsland und Ostfriesland, die Städte
Papenburg und Emden sowie die Samtgemeinden Lathen und Dör-
pen etwas näher zu beschreiben.

Quelle: Google Kartendaten 2012 – GeoBasis-DE/BKG

Einleitung

Der Landkreis Emsland, am 1. August 1977 aus den Kreisen Aschendorf-Hümmling, Meppen und Lingen gebildet, erstreckt sich über 2.880 km² von der nordrhein-westfälischen Landesgrenze bei Rheine bis zur Grenze Ostfrieslands bei *Papenburg*. Er ist damit flächenmäßig der größte Landkreis Niedersachsens, der sechstgrößte der Bundesrepublik Deutschland und insgesamt größer als das Bundesland Saarland.
Die Nord-Süd-Ausdehnung beträgt 95 km, die Ost-West-Ausdehnung 56 km. Die geographischen Grenzpunkte liegen im Norden mit 53" 7' in der Gemeinde Rhede, im Süden mit 52" 17' in der Gemeinde Salzbergen, im Westen mit 6" 58' in der Gemeinde Twist und im Osten mit 7" 50' in der Gemeinde Vrees. Nachbarn im Westen sind die Niederlande, zu denen über eine rd. 60 km lange gemeinsame Staatsgrenze hinweg vielseitige wirtschaftliche und kulturelle Beziehungen bestehen. Im Osten grenzen die Landkreise Cloppenburg und Osnabrück, im Südwesten der Landkreis Grafschaft Bentheim an das Emsland.
Hauptverkehrsader ist die von Norden nach Süden verlaufende "Emsachse", die sich mit beachtlichen Schritten zu einem leistungsfähigen Verkehrs- und Wirtschaftsraum im transeuropäischen Verkehrsnetz entwickelt. Mit der Ems, dem Dortmund-Ems-Kanal, der DB-Strecke 395, der Bundesstraße 70 und der Ende 2004 fertig gestellten Emsland-Autobahn A 31, verbindet sie das Emsland mit den großen Wirtschaftszentren. Auch die bedeutsamen zentralen Orte konzentrieren sich hier: die Mittelzentren Lingen (Ems), Meppen und *Papenburg* sowie der industrielle Schwerpunktort *Dörpen*.
Mit dem am 5. Mai 1950 vom Deutschen Bundestag verabschiedeten "Emslandplan" wurde ein tiefgreifender Wandel im Emsland eingeleitet. Bis weit in die 1970er Jahre prägte die Landwirtschaft das Erwerbsleben, heute dominieren moderne Industrie- und Gewerbebetriebe das emsländische Wirtschaftsleben. Ein breit gefächerter Branchenmix mit vielen mittelständischen Spezialbetrieben ist hier gewachsen, gepaart mit einer Reihe großer Industrieunternehmen der Holz- und Kunststoffverarbeitung, der Maschinen-, Fahrzeug- und Schiffbaubranche und der Energiewirtschaft. Die Teststrecke der *Magnetschwebebahn Transrapid*, die *Papenburger Meyer-Werft* und das Mercedes-Benz-Prüfgelände sind Beispiele für industrielle Spitzenleistungen im Landkreis Emsland. Ein junges, engagiertes und gut ausgebildetes Arbeitskräftepotential sichert

dem Emsland für die Zukunft hervorragende Entwicklungsmög-
lichkeiten.
Unverwechselbar ist der Landkreis Emsland durch seine vielfältigen Landschaftstypen – was seit einigen Jahren verstärkt zum Ausbau des Fremdenverkehrs genutzt wird. Attraktive Angebote für einen Kurzurlaub und hervorragende Rad- und Wasserwandermög-
lichkeiten machen das Emsland zu einer attraktiven und aufstreben-
den Ferienregion, die mit fast 1,5 Millionen Übernachtungen im
Jahr inzwischen schon weit über die eigenen Grenzen hinaus bekannt und beliebt ist.[1]

2.2   Stadt Papenburg

Standortinformationen

Papenburg ist mit Spitzentechnik vertraut – 23.02.2009

Papenburg ist ein Standort der Hochtechnologie und verfügt über
ein attraktives und verkehrsgünstig gelegenes Flächenpotential für
die Ansiedlung von Unternehmen aus Industrie, Handwerk und
Handel.
Als südlichster Seehafen an der deutschen Küste, und zusätzlich
über die Bundeswasserstraße Ems an das deutsche und europäische
Binnenwasserstraßennetz angebunden, hat sich Papenburg zu einem
wichtigen Standort für den Warenumschlag, beispielsweise durch
Unternehmen wie die Schulte & Bruns GmbH & Co. KG, entwickelt.
Die direkte Anbindung an die Autobahn A31 (Nordsee - Ruhrge-
biet) und die unmittelbar angrenzenden Autobahnen A28 (Oldenburg - Bremen) sowie A7 (NL) bieten eine attraktive Möglichkeit,
um großflächige Marktgebiete erschließen zu können.
Optimal ergänzt wird dieses Netz durch die Interregiostrecke Müns-
ter-Norddeich der Deutschen Bundesbahn sowie durch das Güter-
verkehrszentrum Emsland. Zudem findet Papenburg über den den
Regionalflughafen Leer-Papenburg einen zügigen Anschluss an das
internationale Luftverkehrsnetz.
Papenburg ist durch den innovativen Schiffbau der ***Meyer-Werft***
bereits international bekannt. Zudem ist Papenburg Sitz des ATP
Prüfgeländes, der ADO Gardinenwerke, der Kolbenschmidt AG,
der Bauunternehmung Johann Bunte GmbH & Co. und einer Vielzahl weiterer Firmen unterschiedlichster Industrie- und Handwerks-

---

[1] Landkreis Emsland – Kreisbeschreibung, unter: http://www.emsland.de/das_emsland
/kreisbeschreibung/kreisbeschreibung/kreisbeschreibung.html.

branchen. Aber auch der Gartenbau, hier sei stellvertretend die Gartenbauzentrale genannt, zählt zu den bedeutenden Wirtschaftsfaktoren dieser Region.[2]

2.3 Samtgemeinde Lathen

Allgemeines

Mit der Emsland-Autobahn A 31, der Bundesstraße B 70, der Bundesbahnhauptstrecke Münster-Emden und dem Dortmund-Ems-Kanal mit den Häfen in Lathen und Fresenburg verfügt die Samtgemeinde Lathen über eine überaus günstige Einbindung in das überregionale Straßen-, Schienen- und Wassernetz. Ideale Voraussetzungen für Ihren Fimenstandort in der Samtgemeinde Lathen.
In unmittelbarer Nähe zur Autobahnanschlussstelle entwickelt sich zur Zeit der Kristallisationspunkt der industriell-gewerblichen Entwicklung der Region. Über 30 ha voll erschlossene und preisgünstige Gewerbe- und Industrieflächen stehen hier ab sofort in diesem interkommunalen Industriepark für Ihre Firmenansiedlung bereit. Hier können Sie bereits morgen mit Ihrem Firmenaufbau beginnen! Weitere günstige Gewerbe- und Industrieflächen finden Sie auch in den Gemeinden Fresenburg, Lathen, Niederlangen, Oberlangen, Renkenberge und Sustrum.[3]

Für Technikfans

Kontakt: +49 (0) 59 33 - 66 47

Magnetschnellbahn Transrapid
Quelle: Transrapid International GmbH & Co.KG

Seit Mitte der 80er Jahre wird auf der 31,5 km langen Versuchsstrecke zwischen Lathen und Dörpen die Magnetschwebebahn unter anwendungsnahen Bedingungen erprobt und weiterentwickelt. Die Testanlage ist in ihrer Art und Größe weltweit einzigartig.
Der Transrapid ist eine Innovation der modernen Verkehrstechnologie: Ein elektromagnetisches Schwebe- und Antriebssystem übernimmt die Funktion von Rad und Schiene, Elektronik ersetzt Mechanik – der Transrapid funktioniert berührungsfrei.

---

[2] http://www.papenburg.de/index.php?sid=43a4vvohvoo8fsai7pcbu85befl5k7sc&m=1&hid=94&bid= 111

[3] Wirtschaftsverband Samtgemeinde Lathen e.V., unter: http://www.lathen.de/cms/front_content.php? idcat=148.

Tragmagnete ziehen das Fahrzeug von unten an den Fahrweg heran, Führmagnete halten es seitlich in der Spur. Ein elektronisches Regelsystem stellt sicher, dass das Fahrzeug in einem stets gleich bleibenden Abstand von zehn Millimetern zu seinem Fahrweg schwebt. Technikfans erfahren mehr über die Hochtechnologien der Magnetschnellbahn Transrapid. Bei einem Besichtigungsprogramm erhalten Sie ausführliche Informationen über Technik, Systemeigenschaften dieses bedeutungsvollen Projektes.[4]

2.4 Samtgemeinde Dörpen

Dörpen – der Wirtschaftsstandort im Nordwesten Deutschlands

Dank des Güterverkehrszentrums Emsland ist die Samtgemeinde Dörpen der ideale Standort insbesondere für logistikaffine Unternehmen. Im bundesweiten Ranking rangiert das GVZ Emsland auf Platz 6, in Niedersachsen ist es Spitzenreiter.

Jährlich werden über fünf Millionen Tonnen Güter via Schiff, Bahn oder LKW umgeschlagen – Tendenz steigend. Die Gemeinde Dörpen verfügt über mehr als 300 Hektar freie Industrieflächen – zum Teil mit Anschluss an Schiene oder Wasserstraße. Eine zusammenhängende Fläche von ca. 50 ha mit Anschluss an den Küstenkanal befindet sich in öffentlicher Hand und steht unmittelbar zur Verfügung.

Voll erschlossene Gewerbeflächen stehen in allen Mitgliedsgemeinden der Samtgemeinde zur Verfügung. Zukunftsorientierung beweist Dörpen mit dem neuen, interkommunalen Industriegebiet der Gemeinden Dersum und Heede. Auf dem 22 Hektar großen Gebiet im „green energy park" sollen insbesondere Unternehmen aus der Branche der erneuerbaren Energien angesiedelt werden.

Auch die Versorgung des Industriegebietes soll weitgehend durch regenerative Energien erfolgen. Weitere Pluspunkte des Wirtschaftsstandortes Dörpen sind geringe Standortkosten, niedrige Steuerhebesätze, ein eigener Hafen sowie eine günstige Verkehrsanbindung, auch zur Autobahn A 31.[5]

---

[4] http://www.lathen.de/cms/front_content.php?idcat=214

[5] http://www.doerpen.de/index.php?sid=ac6a6psl6v4p7r1vpuvoiaul051u6lt3&m=1&hid=185

Südöstlich der Gemeinde verläuft die Nordschleife der Transrapid-Erprobungsstrecke im Emsland. … [6]

2.5 Ostfriesland

Ostfriesland (Ostfriesisches Plattdeutsch: Oostfreesland) ist eine Region in Niedersachsen im äußersten Nordwesten Deutschlands. Sie besteht aus den Landkreisen Aurich, Leer und Wittmund sowie der kreisfreien Stadt Emden. Ostfriesland liegt an der Küste der Nordsee und umfasst neben dem Festland auch die Ostfriesischen Inseln Borkum, Juist, Norderney, Baltrum, Langeoog und Spiekeroog.
Von der früheren politischen Einheit Ostfriesland ist heute ein Landschaftsverband übrig geblieben. Auf seinem Gebiet leben 462.548 Menschen (Stand 31. Dezember 2010) auf 3144,26 Quadratkilometern. Die Region ist damit im Vergleich zum Bundesdurchschnitt dünn besiedelt. Prägend für Ostfriesland ist, dass es nicht von einer größeren Stadt dominiert wird. Vielmehr sind es die fünf Mittelstädte Emden, Aurich, Leer, Norden und Wittmund sowie fünf Kleinstädte und eine Vielzahl von Dörfern, die die Struktur Ostfrieslands bestimmen. Das heutige Gebiet entspricht bis auf kleinere Arrondierungen dem Gebiet des früheren Fürstentums Ostfriesland, das bis 1744 bestand.
Die Region war über Jahrhunderte von der Landwirtschaft, der Fischerei und – besonders in den wenigen Städten – vom Handel geprägt. Dazu zählte in den Hafenstädten insbesondere der Seehandel. Deichbau und Melioration haben die landwirtschaftliche Nutzung weiter Teile der zuvor von der Tide beeinflussten Marsch und der Moore erst möglich gemacht. Inzwischen haben der Tourismus, vor allem auf den Inseln und in vielen Küstenorten, sowie einige industrielle Kerne hohe Bedeutung für die regionale Wirtschaft erlangt. Gleichwohl nimmt die Landwirtschaft auch weiterhin eine starke Stellung ein – kulturräumlich und auch wirtschaftlich. Trotz wirtschaftlicher Fortschritte in den vergangenen Jahrzehnten gilt Ostfriesland als strukturschwache Region mit einer großen Abhängigkeit von einigen wenigen Branchen und einer kleinen Zahl größerer Unternehmen.
Durch die Jahrhunderte währende, landseitige relative Isolation durch große Moore im Süden Ostfrieslands bei gleichzeitiger Hinwendung zur See hat die Region innerhalb Deutschlands eine teil-

---

[6] Dörpen, unter: http://de.wikipedia.org/wiki/D%C3%B6rpen.

weise recht eigenständige Entwicklung genommen. Auch enge Verbindungen zu den Niederlanden trugen dazu bei. Dies zeigt sich noch heute, etwa in kulturellen Belangen oder im politischen Raum, bei Bemühungen, ostfrieslandweite Institutionen zu erhalten und, wo möglich und sinnvoll, nicht mit Institutionen außerhalb Ostfrieslands zu verschmelzen. Der Landstrich gilt als eine der Hochburgen der plattdeutschen Sprache: Schätzungsweise 50 Prozent der Einwohner sprechen noch Ostfriesisches Platt.[7]

2.6   Stadt Emden

Hafen

In Emden befindet sich ein Seehafen an der Mündung der Ems in die Nordsee. Es handelt sich dabei um den westlichsten Seehafen Deutschlands. Der Hafen hatte bereits um 1600 große Bedeutung, die aber in den folgenden Jahrhunderten abnahm. Seit dem späten 19. Jahrhundert erfolgten ein großzügiger Ausbau und Industrieansiedlungen.
Der drittgrößte Autoverladehafen Europas in Emden schlägt fast ausschließlich Fahrzeuge des Volkswagen-Konzerns um. Hinzu kommen unter anderem Forstprodukte, Baustoffe und zunehmend auch Windenergieanlagen. Außerdem besteht ein Fährverkehr nach Borkum.

Industrie

Größter Arbeitgeber in Emden ist das ansässige VW-Werk. Gemessen an der Zahl der Beschäftigten handelt es sich um den größten industriellen Produktionsstandort westlich von Bremen und nördlich des Ruhrgebietes. Das Werk zählt heute etwa 8.100 Beschäftigte und nahm nach neunmonatiger Bauzeit 1965 die Produktion auf, zunächst mit dem VW Käfer. Hier lief 1978 der letzte in Deutschland produzierte Käfer vom Montageband. Seit 1978 wird im Emder Werk der VW Passat produziert, die Fabrik ist das Leitwerk für dieses Modell. Neben der Limousine wird auch das Kombi-Modell Variant in Emden hergestellt, letzteres ausschließlich in der Seehafenstadt. Der VW-Konzern entschied sich seinerzeit aufgrund der Lage als westlichster Seehafen Deutschlands und wegen des vorhandenen Flächenreservoirs in den Poldern für Emden als Produktionsstandort. Im Industriepark Frisia, auf dem Gelände einer abge-

---

[7] Ostfriesland, unter: http://de.wikipedia.org/wiki/Ostfriesland.

rissenen Erdölraffinerie vor den Toren des VW-Werkes, haben sich inzwischen mehrere Zulieferfirmen angesiedelt.

Zweitgrößter industrieller Arbeitgeber in Emden und drittgrößter in Ostfriesland nach VW und Enercon waren bis 2009 die Nordseewerke.

Neben den Industrie-Beschäftigten auf den Werften und im VW-Werk gibt es noch eine Reihe anderer Unternehmen in der Stadt, vornehmlich des Bausektors, des Maschinenbaus und der Lebensmittelindustrie. Es existiert noch eine kleine Zahl an fischverarbeitenden Betrieben. Zudem gibt es eine Anzahl von Schiffsausrüstungsbetrieben und anderen Werftzulieferern, darunter im Bereich der Navigations- und Kommunikationstechnik (siehe auch unten: Unternehmen und Behörden).

Dienstleistungen

Emden erfüllt für das nähere Umland eine Funktion als Einkaufsstadt. Dabei befindet sich die Stadt in Konkurrenz zu Nachbarstädten, insbesondere Aurich und Leer. Im Gegensatz zu diesen beiden Städten fehlt Emden aber ein gutes Stück des potenziellen Umlandes aufgrund der Lage an Ems und Dollart. Als größte Stadt Ostfrieslands hat Emden dennoch eine wichtige Funktion im ostfriesischen Einzelhandel. Im Stadtteil Larrelt, am Beginn der Autobahn 31, befindet sich das größte Einkaufszentrum Ostfrieslands, das Dollart-Center.

Es gibt eine Reihe Firmen, die dem Sektor industrienahe Dienstleistungen zuzurechnen sind. Dabei handelt es sich teilweise um Dependancen von Firmen, deren Sitz außerhalb Emdens liegt. Neben den Hafendienstleistern wie Umschlagsbetrieben existiert noch eine kleine Anzahl an Reedereien.

Energie

Im Bereich alternativer Energieerzeugung wurden seit den 1990er Jahren eine Reihe kleiner bis großer Windenergie- und Photovoltaikanlagen errichtet. Unter anderem stehen in Emden mehrere Anlagen der zurzeit leistungsfähigsten Windenergieanlage der Welt, der E-126 von Enercon. Enercon fertigt zudem in einem Betontürme-Fertigteilewerk im Emder Hafen, das 2005 seinen Betrieb aufgenommen hat.

Am Rysumer Nacken, einer der Nordsee abgerungenen, aufgespülten Fläche im äußersten Westen Emdens an der Knock, befindet sich seit Mitte der 1970er Jahre eine Erdgas-Anlandestation. Diese empfängt das Gas aus norwegischen Feldern in der Nordsee. Damit wird über Emden ein wesentlicher Teil des deutschen Gas-Importes angeliefert.

Von den 1950er Jahren bis in die 1990er produzierte das Emder Kraftwerk Strom, zunächst aus Kohle, später aus Erdgas. Dann wurde der letzte Block des Kraftwerkes (früher Preußen Elektra, heute zu E.ON) abgeschaltet. Im Frühjahr 2006 hat der Energiekonzern das Kraftwerk Emden 4 (Leistung 400 MW) wieder in Betrieb genommen. Basis ist weiterhin Erdgas. Zudem gibt es seit 2005 ein Biomasse-Kraftwerk im Emder Hafen.

Bei der Nutzung regenerativ erzeugter Energien setzt die Seehafenstadt nicht allein auf Wind, sondern in zunehmendem Maße auch auf Solarenergie. So wurden unter anderem öffentliche Gebäude wie Schwimmbäder oder eine mehrere hundert Meter lange Lärmschutzwand an der A31 mit Solarkollektoren ausgerüstet. Die Stadt erhielt 2005 den Deutschen Solarpreis für ihre Bemühungen auf dem Feld der Nutzung regenerativ erzeugter Energie. Die Stadt sei „sowohl in Deutschland als auch in Europa (...) Vorbild bei der Nutzung erneuerbarer Energien", hieß es zur Begründung.[8]

2.7 EMSACHSE – Jobmotor Nordwest

Ein bundesweit einzigartiges Angebot

Die Wirtschaft hat im April 2006 zusammen mit den Landkreisen Aurich, Wittmund, Leer, Emsland und der Graftschaft Bentheim sowie der kreisfreien Stadt Emden, den Kammern und Verbänden die Wachstumsregion Ems-Achse gegründet. Eine gemeinsame Vision hat alle Beteiligten angetrieben: Kräfte bündeln und Grenzen überwinden, um neue wirtschaftliche Impulse zu schaffen und damit nachhaltige Zukunftsperspektiven entlang der Ems zu entwickeln. Diese Vision ist binnen weniger Jahre Realität geworden.

Heute ist die Ems-Achse ein bundesweites Vorzeigemodell regionaler Wirtschaftsförderung und -entwicklung mit klar definierten und dynamischen Wachstumskernen. Die Bündelung der Kräfte von Wirtschaft, Verwaltung, Politik und Wissenschaft hat eine nachhaltige Dynamik geschaffen, die viele Beobachter kaum für möglich gehalten haben. Mit dieser großen Dynamik sind zahlreiche Leuchtturmprojekte auf den Weg gebracht worden, die für mehr Beschäftigung und Wachstum sorgen. Die Resultate haben auch die Niedersächsische Landesregierung in Hannover überzeugt. Das Land unterstützt die Ems-Achse über das Regionalbudget seit Ende 2009 als

---

[8] Wirtschaft in der Stadt Emden, unter: http://de.wikipedia.org/wiki/Wirtschaft_in_der_ Stadt_Emden.

Wachstums- und Jobmotor im erfolgreichen Kampf gegen den zunehmenden Fachkräftemangel.[9]

2.8 Emslandplan

Der Emslandplan war ein Plan, den die Regierung der Bundesrepublik Deutschland am 5. Mai 1950 beschloss und mit dessen Hilfe die Durchführung sich das seinerzeit rückständige Emsland dem Lebensstandard der Bundesrepublik angleichen sollte. Dabei profitierten nicht nur die damals drei emsländischen Landkreise Aschendorf-Hümmling, Meppen und Lingen sowie die Grafschaft Bentheim vom Emslandplan, sondern auch Teile der angrenzenden Landkreise Leer, Cloppenburg und Bersenbrück.

Am 7. März 1951 wurde die (1989 aufgelöste) Emsland GmbH nicht zuletzt mit erheblichen finanziellen Fördermitteln aus den USA gegründet, die im Laufe der Zeit mehr als 2,1 Milliarden DM überwiegend aus Mitteln des Bundes und des Landes Niedersachsen erhielt.

Gründe für die Verabschiedung des Emslandplans waren u. a.:

- die strukturelle Rückständigkeit der Region
- niederländische Gebietsforderungen, Niederländische Annexionspläne nach dem Zweiten Weltkrieg
- die Ansiedlung vertriebener und geflüchteter Landwirte aus den deutschen Ostgebieten
- recht ergiebige Erdöl- und Erdgasfunde im Emsland und der Grafschaft Bentheim
- die ungesicherte Ernährungslage.

Mit Hilfe riesiger Tiefpflüge (so genannter Ottomeyerpflüge, die bis zu einer Tiefe von 2,4 m den Boden umpflügten) wurden weite Moorgebiete (z.B. das Bourtanger Moor) sowie Heideflächen umgegraben und landwirtschaftlich urbar gemacht (was aus damaliger Sicht verständlich, aus heutiger Sicht unter Naturschutzaspekten wohl eher kritisch zu betrachten ist) und ein tiefgreifender Wandel der Region eingeleitet. Neben dem Anlegen neuer Straßen, sonstiger Verkehrswege und Bauernhöfe entstanden völlig neue Dörfer oder Ortsteile.

Prägte zunächst die Landwirtschaft das Erwerbsleben, dominieren heute moderne Industrie- und Gewerbebetriebe das Wirtschaftsleben des Emslandes. Neben einer Reihe von mittelständischen Unternehmen findet man die **Teststrecke der Magnetschwebebahn Transrapid**, die **Papenburger Meyer-Werft** und ein Mercedes-Benz-Prüfgelände im Landkreis Emsland.

---

[9] http://www.emden.de/de/wirtschaft/emsachse/emsachse.htm

Unverwechselbar ist der Landkreis Emsland durch seine vielfältigen Landschaftstypen. Das nutzt man seit einigen Jahren verstärkt zum Ausbau des Tourismus.[10]

---

[10] http://de.wikipedia.org/wiki/Emslandplan

3. Informationen zur MEYER WERFT

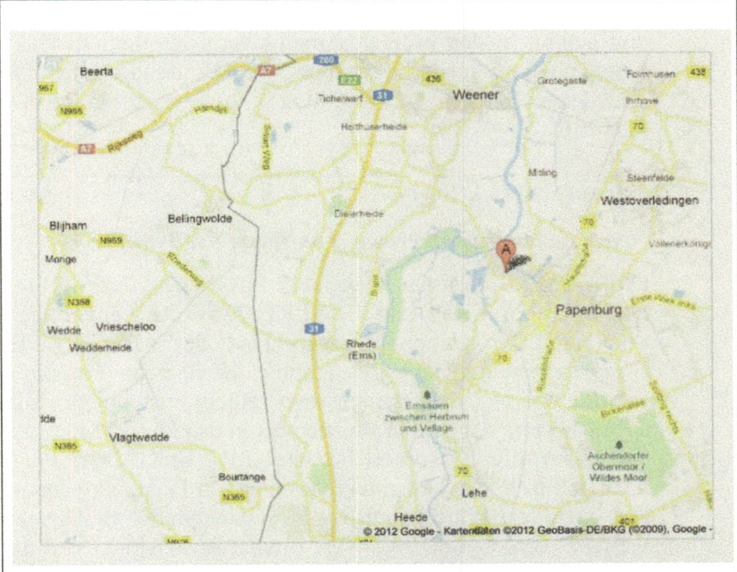

Quelle: Google Kartendaten 2012 – GeoBasis-DE/BKG

Legende:
A   Standort der MEYER WERFT in Papenburg

3.1   Das Unternehmen

Das Unternehmen

Die in Papenburg ansässige MEYER WERFT GmbH wurde 1795 gegründet und befindet sich in sechster Generation im Familienbesitz. Als geschäftsführender Gesellschafter leitet Bernard Meyer die Geschicke des Unternehmens.

In den vergangenen Jahrzehnten hat sich die MEYER WERFT weltweit einen exzellenten Ruf beim Bau von Spezialschiffen erworben. Bekannt ist das Unternehmen vor allem durch den Bau großer, moderner und anspruchsvoller Kreuzfahrtschiffe. Bis heute hat die Werft 32 Luxusliner für Kunden aus aller Welt gebaut.

Doch die MEYER WERFT bietet ihren Kunden mehr: Auto- und Passagierfähren sowie RoRo-Schiffe werden in Papenburg seit Jahrzehnten erfolgreich gefertigt. Das Schwesterunternehmen der MEYER WERFT, die NEPTUN WERFT GmbH mit Sitz in

Rostock, baut Flusskreuzfahrtschiffe und ergänzt das Angebot. Schließlich rundet der Bau von Gastankern das Portfolio ab.
Die MEYER WERFT beschäftigt heute mehr als 2.500 Menschen und gehört zu den größten Arbeitgebern der Region. Das private Familienunternehmen bildet rund 300 Auszubildende in zwölf verschiedenen Berufen aus. Die Werft hat Beschäftigung bis in das Jahr 2015.[11]

Jahresrückblick 2011

Neuer Zukunftstarifvertrag schafft positive Impulse

Papenburg/Rostock, 29. Dezember 2011 - Das Jahr 2011 war für die MEYER WERFT und die NEPTUN WERFT ein arbeitsintensives Jahr. Der Gesamtauftragsbestand der MEYER NEPTUN-Gruppe sorgt mit acht Kreuzfahrtschiffen, zehn Flusskreuzfahrtschiffen und einem Gastanker sowie einem Forschungsschiff für eine Auslastung der beiden Werften bis in das Jahr 2014.
Für Beschäftigung sorgen im Jahr 2012 drei Ablieferungen von Kreuzfahrtschiffen und einem Gastanker in Papenburg sowie sieben Flusskreuzfahrtschiffe in Rostock/Warnemünde. Bei der MEYER WERFT werden rund 280 junge Menschen in den 13 verschiedenen Berufen ausgebildet und sichern damit die langfristige Wettbewerbsfähigkeit des Unternehmens. Mit 70 Auszubildenden ist die Ausbildung der NEPTUN WERFT ebenfalls ein Garant für qualifizierten Nachwuchs. Den Fachkräftemangel und den gestiegenen Weiterbildungsbedarf wird mit der eigenen MEYER WERFT Akademie begegnet. Um auch weiterhin im umkämpften Schiffbaumarkt bestehen zu können, investierten die beiden Werften auch im letzten Jahr massiv in Produktionsanlagen und neue Arbeitsorganisationen. Das Laserzentrum wurde erweitert und das „System Schlanker Schiffbau" konsequent weiter umgesetzt.
Mit dem im Dezember abgeschlossenen Zukunftstarifvertrag sichert die Werft den eingeschlagenen Weg und stellt die Weichen für ihre Zukunft.
Darüber hinaus betreibt die Werft umfangreiche Anstrengungen im Bereich Forschung & Entwicklung. Hierbei gibt es beispielsweise zahlreiche Projekte, um noch umweltschonendere Schiffe zu bauen.

---

[11] http://www.meyerwerft.de/page.asp?lang=d&main=2&subs=0&did=1818

Ablieferungen im Jahr 2011

Anfang März 2011 wurde das Clubschiff AIDAsol (71.100 BRZ) an AIDA Cruises (Rostock) geliefert. Am 18. Juli 2011 erfolgte die Übergabe des vierten Luxusliners für die amerikanische Reederei Celebrity Cruises - Celebrity Silhouette - mit 122.000 BRZ.
Die NEPTUN WERFT lieferte in diesem Jahr die Flusskreuzfahrtschiffe A-Rosa Brava für die Rostocker Reederei A-Rosa, die Viking Prestige für Viking River Cruises und die Fähre Schleswig–Holstein für die Wyker Dampfschiffs-Reederei ab.

Schiffe im Bau bzw. im Auftragsbestand

Auf der MEYER WERFT befindet sich im Baudock II die Disney Fantasy kurz vor der Fertigstellung und wird am 7. Januar 2012 das überdachte Baudock verlassen. Mitte Januar 2012 wird es die Emsüberführung absolvieren und Anfang Februar planmäßig an Disney Cruise Line übergeben. Im Baudock I ist die AIDAmar (71.100 BRZ) im Bau, die im Mai 2012 abgeliefert wird. Ein weiteres Schiff dieses Typs wird im Jahr 2013 folgen.
Im September 2012 schließlich folgt das dritte Kreuzfahrtschiff im Jahr 2012. Es ist das fünfte Schiff für Celebrity Cruises – die Celebrity Reflection. Außerdem wird zum Jahresende der erste LNG-Gastanker für die Reederei Anthony Veder fertig gestellt.
Das Auftragsbuch in Rostock beinhaltet zwei weitere Flusskreuzfahrtschiffe für A-ROSA, die im März 2012 und 2013 von der NEPTUN WERFT an die Reederei A-ROSA Flussschiff GmbH geliefert werden. Weiterhin sind acht Flusskreuzfahrtschiffe für Viking River Cruises und ein Forschungsschiff im Auftragsbestand der Werft in Rostock.[12]

3.2   Regionalökonomische Bedeutung der MEYER WERFT

Die regionalökonomische Bedeutung der Meyer Werft GmbH Papenburg für die Landkreise Emsland und Leer

Einleitung

Seit dem Bau der „Homeric" im Jahr 1984, dem ersten Kreuzfahrtschiff, das von der Meyer Werft in Papenburg gebaut wurde, hat sich die Werft zum weltweit drittgrößten Produzenten von Kreuzfahrtschiffen entwickelt. Sie erreicht heute einen Marktanteil von etwa 28 %. Die komparativen Vorteile der Werft gegenüber Wett-

---

[12] http://www.meyerwerft.de/page.asp?lang=d&main=3&subs=0&did=1970

bewerbern sind auf den Einsatz innovativer Produktionstechnologien und -verfahren sowie auf die enge räumliche Vernetzung mit Zulieferern zurückzuführen. Die Meyer Werft zählt auch aufgrund ihrer kontinuierlichen Investitionen in neue Produktionsanlagen und -prozesse zu einer der modernsten Werften der Welt und ist eines der bedeutendsten Unternehmen der Region.

Um die weiterhin steigende Nachfrage nach Kreuzfahrtschiffen – insbesondere der Postpanmax-Klasse – bedienen und Lieferterminen der Auftraggeber entsprechen zu können, baut die Meyer Werft derzeit ihre Produktionskapazitäten aus. Dadurch wird es möglich, in den zwei Hallenbaudocks der Werft in Tandembauweise jährlich drei statt bislang zwei Kreuzfahrtschiffe zu bauen. Ein Engpass dieser Produktionsausweitung ist die Überführbarkeit der Schiffe auf der Ems, die bei Schiffen mit einem Tiefgang von bis zu 8,50 m temporär gestaut werden muss. Der Emsstau ist nach den Vorgaben des Planfeststellungsbeschlusses zum Emssperrwerk vom 14. August 1998[1] aus Gründen des Naturschutzes jahreszeitlich in Stauhöhe und -dauer begrenzt. Um die Wettbewerbsposition der Meyer Werft und die damit verbundene Auftragslage dauerhaft erhalten zu können, ist zukünftig eine flexible Stauregelung von grundlegender Bedeutung für den Fortbestand der Werft.

Die Meyer Werft hat sich in diesem Zusammenhang immer wieder der öffentlichen Standortdiskussion gestellt und für sich geprüft, welche Möglichkeiten bestehen, die Auswirkungen der Überführrungen auf die Ems zu minimieren. Diese Möglichkeiten, so sehen es Kritiker, bestünden vor allem in einer Verlagerung des Standortes an die Küste – komplett oder nur teilweise.

Das Gutachten untersucht vor diesem Hintergrund, welche Produktion-, Wertschöpfungs-, Beschäftigungs- und steuerlichen Effekte von den ökonomischen Aktivitäten der Werft angestoßen werden, sowohl aktuell als auch zukünftig bis zum Jahr 2012 unter der Bedingung einer Ausweitung der Produktionskapazität der Werft. Es führt an dieser Stelle ebenfalls die Ergebnisse einer Prüfung zur Standortverlagerung zusammen und betrachtet die regionalökonomischen Konsequenzen.

…

Fazit

Die Meyer Werft in Papenburg ist von zentraler Bedeutung für die ökonomische Entwicklung in der Region. Dies betrifft zum einen die direkten, indirekten und induzierten regionalen Produktions-, Wertschöpfungs- und Beschäftigungspotenziale, die sich durch die ökonomischen Aktivitäten der Meyer Werft ergeben. Zum anderen betrifft dies aber auch das von der Werft ausgehende Innovationspotenzial, das auch bei zuliefernden Unternehmen der Region Impulse für Produkt- und Prozessinnovationen auslöst und deren Leistungs- sowie Wettbewerbsfähigkeit stärkt. Die regionalökonomischen Folgen eines Fortgangs der Werft aus der Region wären nicht nur für den Arbeitsmarkt in den betroffenen Städten und Gemeinden der Landkreise Emsland und Leer gravierend, auch würde ein Großteil des innovativen Potenzials der Region wegfallen.

Die Untersuchung der regionalökonomischen Bedeutung der Meyer Werft hat allerdings auch gezeigt, dass ein Großteil der von der Werft ausgehenden Effekte außerhalb der Landkreise Emsland und Leer entstehen. Der Anteil von 12 % der Landkreise Emsland und Leer an den Beschäftigungseffekten durch die Vorleistungsnachfrage der Meyer Werft ist vor allem auf die Struktur der regionalen Wirtschaft und somit auf das Angebot an Gütern und Dienstleistungen zurückzuführen, das die nachfragende Werft in der Region vorfindet. Die Verdoppelung der regional verbleibenden Vorleistungsnachfrage der Meyer Werft seit 2005 verdeutlicht die zunehmende Bedeutung der engen räumlichen Verflechtung der Werft mit ihren Zulieferbetrieben. Insofern ist es zu erwarten, dass sich der regionale Anteil im Zuge der Kapazitätserweiterung der Werft und ihrer Anstrengungen zur Steigerung der Produktivität, die u.a. durch eine intensive Integration von Zulieferern in die internen logistischen Prozesse der Werft realisiert wird, zukünftig weiter erhöhen könnte. Dies ist ein Ansatzpunkt für die regionale Wirtschaftsförderung, um zum einen die ansässigen Zulieferer bei der Beseitigung von Hemmnissen und Engpässen zu unterstützen und zum anderen die Ansiedlung weiterer Zulieferer in der Region zu fördern.[13]

3.3 Diskussion um eine örtliche Verlagerung der Werft

Heiner Heseler, Rudolf Hickel

Zur Diskussion um die Verlagerung der Meyer Werft in Papenburg

In den letzten Monaten ist wiederholt empfohlen worden, den Standort der Meyer Werft von Papenburg an die Küste zu verlagern. Eine solche Entscheidung wäre nach unserer Auffassung jedoch mit hohen Risiken, immensen Kosten und einer Gefährdung der Wettbewerbsfähigkeit und der Arbeitsplätze verbunden.

---

[13] Niedersächsisches Institut für Wirtschaftsforschung, unter: http://www.niw.de/uploads/pdf/publikationen/Zusammenfassung_Meyer_Werft_2010. pdf.

Zudem ist völlig ausgeschlossen, daß die Meyer Werft für die Ver-
lagerung und den Neubau der Werft hohe öffentliche Subvention
erhalten könnte. Die Meyer Werft ist gut beraten am Standort Pa-
penburg weiter in die Modernisierung und Produktivitätssteige-
rung zu investieren. Dabei sind auch Maßnahmen einzubeziehen,
die die Produktion am Standort Papenburg und die Ausfahrt grö-
ßerer Schiffe in die Nordsee mit möglichst geringen zusätzlichen
Beeinträchtigungen für die Ems ermöglichen. Bei enger Koopera-
tion der beteiligten Akteure sollte es möglich sein, die betriebs-
wirtschaftlichen Interessen des Unternehmens, die Arbeitsplatzin-
teressen der Belegschaften auf den Werften und den Zuliefererbe-
trieben mit den ökologischen Ansprüchen zu vereinbaren.

Die Meyer Werft in Papenburg ist seit Jahren Inbegriff der Leis-
tungsfähigkeit des deutschen und europäischen Schiffbaus. Als einzige deutsche Werft, vermutlich aber auch als einzige Werft in Europa, konnte sie seit Mitte der siebziger Jahre kontinuierlich ihre
Produktion und zugleich auch die Beschäftigung steigern. Unter-
nehmens- und Arbeitsorganisation sowie der Stand der Technologie
bestehen den Vergleich mit den besten Wettbewerbern. Die Erfolge
dieses Unternehmens belegen, daß moderne industrielle Beziehungen, die Steigerung der Wettbewerbsfähigkeit und die Sicherung
der Arbeitsplätze miteinander vereinbar sind. Ein entscheidender
Wettbewerbsfaktor ist zudem das flexible und leistungsfähige Netz
von Zuliefererbetrieben in der Region. Insgesamt dürften neben den
2.000 Werftbeschäftigten weitere 5.000 Arbeitskräfte direkt oder
indirekt von dem Schiffbauunternehmen abhängig sein, dem damit
für die Wertschöpfung der Region eine überragende Bedeutung zu-
kommt.
Die Meyer Werft gehört zu den Weltmarktführern im Passagierschiffbau, dem anspruchsvollsten Marktsegment im Schiffbau.
Doch auch dieser Markt ist zunehmend umkämpft. Nicht nur andere
europäische Werften drängen auf den Markt. Auch die südkoreani-
schen und japanischen Werften unternehmen energische Anstrengungen, um bei Fähr- und Passagierschiffen als ernsthafte Konkur-
renten aufzutreten. Auch im Passagierschiffbau nimmt der Preis-
druck erheblich zu. Daher kann die bestehende Marktposition nur
gehalten werden, wenn kontinuierlich die Produktivität gesteigert
wird.
Eine Verlagerung der Werft bedeutet aus diesen Gründen eine erhebliche Gefahr für die künftige Wettbewerbsfähigkeit des Unternehmens. Wir halten die Angaben, daß der Neubau einer vergleich-
baren Werft 700-800 Millionen DM kosten würde (Lloyds List

9.2.1999), auch ohne genaue Planungen zu kennen für realistisch. Zum Vergleich: Die Investitionen für die kleinere Kvaerner Warnow Werft in Rostock (1250 Beschäftigte) betrugen ca. 550 Millionen DM, rund 800 Millionen DM rechnet der norwegische Kvaerner Konzern für den Bau einer neuen Werft in Philadelphia mit ca. 1000 Beschäftigten. Zusätzlich müßte Meyer erhebliche Managementkapazitäten für die Planung der neuen Werft bereitstellen. Die Bau- und Umzugsphase ist mit weiteren Kostenbelastungen der laufenden Produktion verbunden. Die ostdeutschen Werften konnten diese Phase nur überstehen, weil der Staat die Verluste aus laufender Produktion in dieser Zeit weitgehend übernahm. Für die Meyer Werft sind ähnliche Regelungen ausgeschlossen.

Bei einer angemessenen Kosten-Nutzen-Analyse zur Standortverlagerung der Meyer Werft müssen auch die Opportunitätskosten berücksichtigt werden. Das sind vor allem die im Zuge der Verlagerung entgehenden Erlöse infolge mangelnder Lieferpünktlichkeit und entstehender Imageprobleme, die zur restriktiven Auftragsvergabe während der langen Umzugsphase führen. Die hohen direkten und indirekten Kosten, die mit einer Verlagerung der Werft verbunden wären, sprechen aus ökonomischen Gründen eindeutig gegen eine Verlagerung der Werft. Dies wäre selbst dann der Fall, wenn ein Teil der Kosten staatlich bezuschußt würde. Erwartungen allerdings, daß bis zu 50% der Kosten der Verlagerung staatlich subventioniert werden könnten (TAZ 9.2.1999), entbehren jeder realistischen Grundlage.

Maßgeblich für die Zulässigkeit von Subventionen an die Meyer Werft ist in erster Linie das europäische Beihilferecht für den Schiffbau. Seit dem 1.1.1999 bis zum 31.12. 2003 gilt die sogenannte achte Richtlinie. Jede Form nationaler oder regionaler Beihilfen an Werften muß den Bestimmungen dieser Verordnung entsprechen. Artikel 7 regelt eindeutig, daß Investitionsbeihilfen nur genehmigt werden sollen, um eine Produktivitätssteigerung *"vorhandener Anlagen"* von *"bestehenden Werften"* zu bewirken. Dies schließt eindeutig Finanzhilfen zum Bau neuer Dockanlagen oder neuer Werften aus. Sollte dennoch auf die Beantragung von Subventionen für den Standortwechsel spekuliert werden, so müßte mit einem langwierigen Überprüfungs- und Genehmigungsverfahren mit höchst ungewissem Ergebnis gerechnet werden. Es ist ausgeschlossen, daß die jetzt anvisierten größeren Schiffe angesichts der eindeutigen restriktiven Rahmenbedingungen bereits auf einer neuen Werft gebaut werden könnten. Schon von daher müßte die Meyer Werft entweder auf diese Aufträge verzichten oder Wege finden sie am alten Standort zu fertigen. Wenn letzteres aber möglich ist, warum dann überhaupt den riskanten Weg einer Verlagerung?

Erschwerend kommt hinzu, daß der Bau einer neuen Werft oder eines neuen Baudocks nur als Kapazitätsausweitung Sinn macht. Schließlich will die Meyer Werft größere Schiffe als bisher bauen. Es erscheint kaum vorstellbar, daß seitens der Europäische Kommission die Subventionierung einer Kapazitätsausweitung genehmigt wird, denn diese beeinflußt eindeutig die Wettbewerbsbedingungen innerhalb der Europäischen Gemeinschaft.

Die Schlußfolgerung ist eindeutig: Nach deutschem Recht sind zwar im Rahmen der Gemeinschaftsaufgabe regionale Wirtschaftsstruktur (GRW) Beihilfen für Investitionen der Meyer Werft bis zu 12,5% zulässig, jedoch nur in der bestehenden Papenburger Werft und den dortigen Anlagen oder bei der Übernahme einer anderen Werft an einem förderungsfähigen Standort, nicht jedoch an einem ganz neuen Standort.

Befürworter einer Standortverlagerung führen die Möglichkeit an, daß der Bund nach Art 104a GG wirtschaftskraftstärkende Mittel direkt an das Land Niedersachsen zur Finanzierung des neuen Kapazitätsaufbaus an der Küste durchschleußen kann. Diese Möglichkeit schließt das Instrument Finanzhilfen durch den Bund aus, denn diese dürfen nur für allgemein wirtschaftskraftstärkende Maßnahmen an das Land gegeben werden. Schließlich wäre auch dieses Subventionsinstrument mit dem EU-Wettbewerbsrecht nicht kompatibel.

Behauptet wird ebenfalls, die Finanzhilfen für die Standortverlagerung seien als Beihilfen für Umweltschutzaufwendungen von Schiffsbauunternehmen nach Artikel 9 der achten Richtlinie einsetzbar. Dort sind Beihilfen für Umweltschutzaufwendungen von Schiffbauunternehmen vorgesehen, wenn sie mit den Regeln des Gemeinschaftsrahmens für staatliche Umweltschutzbeihilfen übereinstimmen. Ob allerdings und in welchem Umfang dadurch die Investitionskosten für eine Werftverlagerung gesenkt werden können, ist ohne genau Kenntnis der Investitionsvorhaben nicht zu beurteilen.

Die bisherigen Entscheidungen der Europäischen Kommission lassen es aber als unwahrscheinlich erscheinen, daß die gesamten Investitionskosten als umweltschutzrelevant eingestuft und bezuschußt werden.

Fazit: Die Meyer Werft kann unserer Auffassung nach bei der Planung einer Verlagerung der Werft oder dem Bau eines neuen Docks keine Subventionen in relevantem Umfang einkalkulieren. Sie müßte sich in jedem Fall aber einem umfangreichen und zeitaufwendigen Überprüfungs- und Genehmigungsverfahren mit höchst ungewissen Ausgang unterziehen. Die anvisierten neuen Aufträge für größere Kreuzfahrtschiffe kann sie daher entweder nicht oder nur am alten Standort durchführen.

Die Diskussion um die Verlagerung der Werft – ohnehin von Eigentümer, Management und Belegschaft nicht gewollt – führt in die Sackgasse. Es ist unrealistisch davon auszugehen, daß ein solcher Betrieb binnen eines kurzen Zeitraums an einen anderen Ort verlegt und mit gleicher Produktivität weiter produzieren kann. Die ökonomischen Erfolge sind Resultat eines langen Entwicklungsprozesses, beispielhafter industrieller Beziehungen, kooperativer Zusammenarbeit zwischen Management und Beschäftigten und eines leistungsfähigen Netzwerks von Zuliefererbeziehungen. Statt über Verlagerung nachzudenken, sollte daher angesichts der überragenden Stellung der Werft für die Region die Stärkung und langfristige Sicherung des Standorts Papenburg im Zentrum stehen. Dabei sind auch Maßnahmen einzubeziehen, die die Produktion am Standort Papenburg und die Ausfahrt größerer Schiffe in die Nordsee mit möglichst geringen zusätzlichen Beeinträchtigungen für die Ems ermöglichen.

Dabei ist es durchaus legitim, die Kosten der ökologischen Folgen des Sperrwerkbaus den ökonomischen Verlusten sowohl für die Region als auch das Unternehmen an einem anderen Standort gegenüberzustellen. Hier sind dann auch die durch den Bau einer neuen Werft entstehenden ökologischen Kosten in die Vergleichsrechnung mit einzubeziehen. Zweifellos übersteigen die ökonomischen Verluste die langfristigen Folgen für Natur und Umwelt. Um so wichtiger ist es, die ökonomischen Anforderungen bezüglich des Ausbaus dieses regional verwurzelten Standorts mit ökologischen Ausgleichsmaßnahmen im Kontext des Sperrwerkbaus zu verknüpfen. Hier bietet sich die Chance, unternehmensbezogen und vor Ort Ökonomie und Ökologie intelligent zu versöhnen.[14]

Bürgerinitiative fordert erneut Verlagerung der Meyer Werft

Weener (ddp-nrd). Die Bürgerinitiative «Rettet die Ems» bleibt bei ihrer Forderung nach einer Verlagerung der Papenburger Meyer Werft nach Emden. Ein Umzug mit öffentlicher Unterstützung wäre auf Dauer preiswerter, teilte die Bürgerinitiative am Sonntag mit. Die Interpretation des am Freitag von den Landräten der Landkreise Emsland und Leer vorgestellten Gutachtens sei «nicht schlüssig»,

---

[14] http://www.maritim.uni-bremen.de/yards/publik/gutachten.html

hieß es. Weshalb das Unternehmen bei einer Verlagerung in Schieflage kommen solle, bleibe «mehr als schleierhaft».

Dem Gutachten zufolge ist die Meyer Werft «unverzichtbar und von zentraler Bedeutung für die Region». Eine Standortteilverlagerung der Werft würde einen deutlichen Produktivitätsverlust und gleichzeitig eine Verteuerung des Produkts um bis zu acht Prozent bedeuten, teilten die Landräte der Landkreise Emsland und Leer, Hermann Bröring (CDU) und Bernhard Bramlage (SPD) am Freitag mit.

Eine kostendeckende Produktion wäre dann nicht mehr möglich und die Existenz der Werft gefährdet, erklärten die Landräte, von denen das Gutachten in Auftrag gegeben worden war. Die Untersuchung war der immer wieder diskutierten Frage nach einer Verlagerung der Meyer Werft wegen der mit dem jetzigen Standort verbundenen Umweltbelastungen nachgegangen.

Die Verfasser der Studie kommen zu dem Schluss, dass aufgrund der weiter steigenden Nachfrage nach Kreuzfahrtschiffen und der damit einhergehenden Erweiterung der Produktionskapazität der Werft für 2012 ein Umsatzwachstum von 60 Prozent und ein Beschäftigungswachstum von fünf Prozent zu erwarten sei. Das wirke sich auch positiv auf die Steuereinnahmen des Landes und der beiden Landkreis aus.

Die Bürgerinitiative hingegen kritisierte die Verschwendung von Steuergeldern durch den jetzigen Standort. Alleine die Baggerarbeiten im Rahmen der Ems-Überführung der «AIDAblu» hätten die öffentliche Hand 140 000 Euro gekostet. Hinzu kämen die Schäden für die Umwelt.[15]

Der nachfolgende Beitrag ist erschienen, nachdem ich bereits Wochen vorher mit diesem Manuskript begonnen hatte. Im Übrigen lege ich Wert auf die Feststellung, dass ich parteipolitisch neutral bin.

Grüne wollen Verlegung der Meyer Werft

Als möglicher Standort wird der neue Rysumer Hafen in Emden genannt. In Papenburg soll das Flussökosystem gesichert werden.

DPA

Papenburg - Die Grünen im Landtag bringen erneut eine Verlagerung der Papenburger Meyer Werft ins Spiel. Landesumweltminister Stefan Birkner (FDP) solle das Thema im Gespräch mit der

---

[15] http://www.nealine.de/news/Wirtschaft/buergerinitiative-fordert-erneut-verlagerung-der-meyer-werft-1937839181.html

Werft offensiv thematisieren, forderte die Grünen-Abgeordnete Meta Janssen-Kucz aus Leer am Montag.

Eine Option sei eine Verlagerung der Werft an den neuen Rysumer Hafen in Emden. Dem Unternehmen seien immer wieder Zugeständnisse mit gravierenden Folgen auch für den Umweltschutz gemacht worden. Papenburg könne weder die Zukunft der Meyer Werft noch den Erhalt des Flussökosystems sichern.[16]

Emden

Hafenprojekt: Am Rysumer Nacken geht es bald los

von Ute Kabernagel

16. Januar 2012

Über eine Nutzung des Anlegers der Reederei AG Ems wird derzeit verhandelt. Der Emder Oberbürgermeister rät dazu, die Umwelt- und Naturschutzverbände schon in die Planung einzubeziehen.

Emden - Der Emder Oberbürgermeister Bernd Bornemann (SPD) geht davon aus, dass mit der Entwicklung des Rysumer Nackens zu einem Hafen mit Industriegebiet schon in Kürze begonnen werden kann. Ihm sind schnelle, sichtbare Ergebnisse wichtig. Für den Anfang soll - wie berichtet - der vorhandene Anleger der Reederei AG Ems genutzt werden. "Entsprechende Verhandlungen laufen zur Zeit", erklärte Bornemann beim Neujahrsempfang der Stadt.

Auch die weiterreichenden Hafenpläne von Land, Stadt Emden und regionaler Wirtschaft kämen voran. Die ersten Schritte der Realisierungsstudie seien vom niedersächsischen Hafenbetreiber N-Ports, der Industrie- und Handelskammer und der Stadt auf den Weg gebracht worden, sagte der Oberbürgermeister. Weitere Gespräche sind noch für diesen Monat vorgesehen.

Ostfriesland werde dadurch attraktiv für Facharbeiter

Bornemann mahnte an, die Umwelt- und Naturschutzverbände beim weiteren Vorgehen einzubeziehen. Es gelte zu klären, welche Maßnahmen verträglich für Natur und Umwelt umgesetzt werden können. "Ich bin sehr optimistisch, dass es Lösungen gibt, die von allen getragen werden können."

---

[16] NDR.de – Das Beste am Norden, unter: http://www.ndr.de/regional/niedersachsen /hannover/ndskurz 111.html.

Bei der Verwirklichung des Hafenprojektes setzt der Emder Oberbürgermeister weiter auf die Unterstützung der Region, die in ihrer
Gesamtheit davon profitiere. Durch die Ansiedlung von Unternehmen vor allem aus dem Bereich regenerativer Energien und der Ha-
fenwirtschaft würden sozialversicherungspflichtige Arbeitsplätze
für die gesamte Region geschaffen. Ostfriesland werde dadurch attraktiv für Facharbeiter.
Einen Zuwachs von rund 2000 sozialversicherungspflichtigen Ar-
beitsplätzen kann Emden schon jetzt vermelden. Inzwischen liegt
die Zahl bei mehr als 29 000. Damit sei die Stadt "Wirtschaftsstandort und Jobmotor der Region", sagte Bornemann. Die neuen
Stellen seien in erheblichem Maße den Firmen der regenerativen
Energien wie Enercon, Bard oder SIAG zu verdanken.[17]

---

[17] http://www.oz-online.de/?id=542&did=51765

4.   Magnetschwebebahn Transrapid im Bereich Lathen/Dörpen

4.1   Informationen zum Transrapid

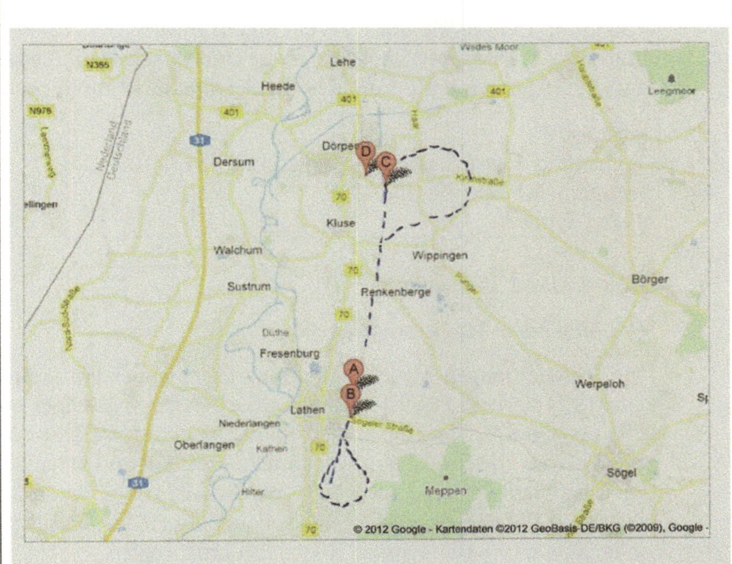

Quelle: Google Kartendaten 2012 – GeoBasis-DE/BKG

Strecke (nachträglich gestrichelt) der Magnetschwebebahn
Transrapid im Bereich Lathen/Dörpen

Legende:
A   Transrapid-Versuchsanlage Emsland
C   Infozentrum Transrapid
D   Transrapid-Infoturm Dörpen

Transrapid-Versuchsanlage Emsland (TVE)

Auf der weltweit größten Teststrecke für Magnetbahnfahrzeuge erreicht der „Superzug" mühelos Spitzengeschwindigkeiten bis zu 450 km/h. Lernen Sie die TVE bei einem Besuch der Ausstellungen und des Transrapid-Kinos kennen. Hochgeschwindigkeitsfahrten auf der 31,5 km langen Versuchsstrecke sind nicht möglich.

Anschrift:
Transrapid-Versuchsanlage Emsland (TVE)
Hermann-Kemper-Straße 23
49762 Lathen[18]

Deutschland Transrapid

Die Idee einer Magnetschwebebahn

Die Entwicklungsgeschichte der Magnetschwebebahn geht bis ins Jahr 1922 zurück. Der Elektroingenieur Hermann Kemper aus Nortrup erwog als erster, die Räder eines Zuges durch Elektromagnete zu ersetzen. Die Eisenbahn war ihm zu laut und zu verschleißanfällig. Zwar ließ er seine Idee 1934 patentieren, doch war zu diesem Zeitpunkt die Elektrotechnik noch nicht so weit fortgeschritten, um seine Vision vom Fliegen in Höhe Null umzusetzen.

Würde sich die Magnetschwebetechnik rentieren?

Erst im Jahr 1966 griff ein Entwicklungsteam von Bölkow KG die Erforschung der Magnetschwebetechnik wieder auf. 1969 gründeten die Bölkow KG, die Deutsche Bundesbahn sowie die Straba Bau AG eine Studiengesellschaft, die sich zur Aufgabe machte, die Chancen der Magnetschwebetechnik im Vergleich zur Rad-/ Schiene-Technik abzuwägen. Tatsächlich stellte diese Hochleistungsschnellbahn-Gesellschaft mbH (HSB) in den folgenden drei Jahren fest, dass sich eine Magnetschwebebahn-Verbindung zwischen Hamburg und München rentieren würde. …

Zusammenschlüsse in der Magnetschwebetechnik

Das Ministerium für Forschung und Technologie sorgte in den Siebziger Jahren dafür, dass sich MBB (Hochleistungsschnellbahn-Gesellschaft) mit Krauss-Maffei zusammenschloss. Diese Vereinigung unter der Firmierung "Arbeitsgemeinschaft Transrapid-EMS"

---

[18] http://www.emsland-touristik.de/Transrapid-Versuchsanlage_Emsland_(TVE)-83-471-1.html

brachte 1973 den Transrapid 04 mit Linearmotorantrieb heraus. Damit wurde auch gleichzeitig ein neues Trag- und Führungssystem ausprobiert. Ende 1975 kam er auf 205,7 km/h, doch Eigenschwingungsprobleme und Schwierigkeiten bereiteten Transrapid-EMS etwas Kopfzerbrechen. Zur Untersuchung des Geschwindigkeitsbereichs um 350 km/h konstruierte die Arbeitsgemeinschaft den KOMET. Sechs Heißwasser-Raketen beschleunigten die Magnetschwebebahn auf dem 1300 Meter langen Fahrweg in Manching auf 401,3 km/h und war damit genauso schnell wie der EET 01. 1978 gesellte sich unter finanziellem Druck auch Thyssen Henschel dieser Arbeitsgruppe zu. Da das EMS gegenüber dem EDS weiter entwickelt war, drehte das Forschungsministerium 1979 dem Konsortium AEG, BBC und Siemens den Geldhahn ab. …

Funktionsweise des elektromagnetischen Schwebens (EMS) mit Langstatortechnik im Transrapid

In Deutschland setzte sich die Langstatortechnik von Thyssen Henschel durch. Im Ruhezustand liegt das Fahrzeug auf dem Fahrweg. Bevor es sich in Bewegung setzt, ziehen einzeln geregelte Elektromagnete im Fahrzeug mit Hilfe der Magnetfelder in den Statoren im Fahrweg das Fahrzeug nach oben. Der Abstand vom Fahrzeug zu den Statoren beträgt lediglich 10 mm. Nach dem Anheben des Fahrzeugs wird Strom durch die Statorpakete geschickt, die ein elektromagnetisches Wanderfeld erzeugen. Das Fahrzeug wird berührungsfrei mitgezogen. Beim Bremsen funktioniert das Spiel in umgekehrter Reihenfolge, wobei die entstehende Energie wieder in das Stromnetz zurückfließt. Bevor die Fahrgäste aussteigen, wird das Fahrzeug wieder auf dem Fahrweg abgesetzt. Die Energie für die Bordgeräte sowie für das Führungs- und Tragsystem wird durch Lineargeneratoren in den Tragmagneten des Fahrzeuges erzeugt. Da die Energieausbeute direkt proportional mit der Fahrtgeschwindigkeit zusammenhängt, versorgen während der Fahrt aufgeladene Bordbatterien bei Langsamfahrten oder Stillstand den Zug mit der nötigen Energie.

Erster Betriebseinsatz des Transrapid

Durch den Zusammenschluss von MBB, Krauss Maffei und Thyssen Henschel wurde 1978 das Konsortium "Magnetbahn Transrapid" gegründet. Ziel war eine vollfunktionsfähige Versuchsanlage, um die Technik des elektromagnetischen Schwebens zur Serienreife zu bringen. Natürlich musste auch genügend Publicity für das Schweben in Höhe Null gemacht werden. Dazu bot sich 1979 die Internationale Verkehrsausstellung in Hamburg an. Auf

einer Länge von 908 Metern durfte der neu konstruierte Transrapid
05 insgesamt 50.000 Besucher mit 75 km/h über das Messegelände
chauffieren. Es war die erste für den Personenverkehr zugelassene
Magnetschwebebahn der Welt.

Die Transrapid-Versuchsanlage Emsland (TVE)

Ob Zufall oder nicht, eine neue Transrapid-Versuchsstrecke entstand 1980 nach der Internationalen Verkehrsausstellung in der
Heimat des Ideengründers, genauer gesagt bei den Orten "Dörpen"
und "Lathen". Nach etwa vier Jahren Bauzeit waren Zweidrittel der
Strecke fertiggestellt. Der Fahrweg wurde A-förmig aufgeständert,
damit Zusammenstöße mit anderen Objekten ausgeschlossen sind
und die Grundfläche weiterhin landwirtschaftlich genutzt werden
kann. Das Aufstelzen der Trasse ist aber nicht für das Schweben
notwendig. Aufgrund der Langstatortechnik ist die an ein "T" erin-
nernde Fahrbahn sehr teuer. Schließlich befinden sich hier die Trag-
spulen und der Linearmotor. Die zuerst zwei, später drei installier-
ten Weichen der Versuchsstrecke sind riesige, 57 und 130 Meter
lange Anlagen. Über diese Länge hinweg wird der Fahrweg gebo-
gen. Bei gerader Stellung darf der Transrapid mit 400 km/h darüber
gleiten. Wird die Weiche auf Abbiegen gestellt (der Vorgang dauert
20 Sekunden), sind nur noch 200 km/h erlaubt. In den Jahren 1985
bis 1987 komplettierte man die Versuchsanlage um die Südschleife.
Zur Einführung des Transrapid 07 stellten Techniker Defekte an
Bolzen und Mörtel fest. Erst im Juli 1989, als die Reparaturen abgeschlossen waren, durften weitere Fahrten mit den Magnetschwe-
bezügen stattfinden.
Seit Sommer 2005 ist der Transrapid auf der Versuchsstrecke im
Emsland für den automatischen Betrieb zugelassen. Möglich wurde
es durch die Modernisierung der Anlage auf den Stand des Transra-
pidsystems in Shanghai. Im Regelbetrieb ist kein Personal mehr
notwendig. Nun führte die DB AG umfassende Funktionsprüfungen
mit verschiedenen, künstlichen Fahrplänen durch. Zur Weiterent-
wicklung der Transrapid-Technik bekam das Konsortium Siemens,
ThyssenKrupp und Transrapid International im August 2005 vom
Bund 113 Millionen Euro bereitgestellt.

Unfall auf der TVE

Ein bitterer Rückschlag für den deutschen Transrapid war der verheerende Unfall am Freitag, den 22. September 2006 auf der Versuchsanlage im Emsland. Gegen 9:30 Uhr prallte ein Zug der Serie
08 mit 30 Personen an Bord mit einem Werkstattwagen zusammen.
23 Personen starben, 10 konnten teils schwerverletzt geborgen wer-

den. Die Bergung der Verletzten gestaltete sich sehr schwierig, da die Trasse aufgestelzt ist und etwa fünf Meter über dem Erdboden verläuft. Zwei Arbeiter waren mit dem Werkstattwagen unterwegs, um die Trasse zu säubern, konnten aber noch rechtzeitig abspringen, bevor der ferngesteuerte Transrapid mit etwa 200 km/h den Wagen hochschleuderte. Als Unglücksursache wurde zuerst menschliches Versagen angegeben, aber es gibt auch Hinweise auf mangelhafte Sicherheitsvorkehrungen. Ein Zusammenstoß zweier Transrapid-Züge ist technisch ausgeschlossen, doch das Wartungsfahrzeug war nicht in das Sicherheitskonzept eingeschlossen. Auf einem Monitor soll zwar das Sonderfahrzeug per GPS sichtbar gewesen sein, dennoch gab man dem Transrapid-Zug grünes Licht. Die Betriebserlaubnis für die Versuchsanlage wurde wegen des Unfalls aufgehoben, aber im Juli 2008 erneut erteilt. …

Der Transrapid 09

Am 23. März 2007 wurde die neueste Generation der deutschen Magnetschwebebahn der Presse vorgestellt. Der Transrapid 09 ist als Nachfolger des verunglückten Transrapid 08 für die Transrapidstrecke in München hergestellt worden und weist einige Änderungen zu seinem Vorgänger auf. Breitere, in engerem Abstand montierte Türen sollen das Ein- und Aussteigen der Fahrgäste erleichtern. Als Nahverkehrsmittel ging man bei der Planung von mehr Stehplätzen aus, sodass man die Nutzlast um 50 Prozent steigerte. Die berührungsfreie Bordenergieversorgung funktioniert nun auch unterhalb von 70 Stundenkilometern Geschwindigkeit. Ein vergrößerter, höherer Innenraum und eine verbesserte Klimatisierung bieten ebenfalls mehr Komfort für die Fahrgäste.

Transrapid-Projekte in Deutschland

Essen – Köln

Die erste kommerzielle Einsatzstrecke der Magnetschwebebahn wäre eine Flughafenverbindung von Essen nach Köln gewesen, doch die Finanzierung war nicht gesichert und brachte das Projekt schon im Anfangsstadium zum Scheitern.

Hamburg – Berlin

Durch den Fall des Eisernen Vorhangs kam die Idee einer Verbindung von Hamburg nach Berlin ins Gespräch. Dabei sollte der Fahrweg vom der Regierung bezahlt werden (5,6 Milliarden Deutsche Mark) und die 19 vierteiligen Züge im Wert von 3,6 Milliarden von privater Seite aufgebracht werden. Es wurde eine Magnetschnellbahn-Planungsgesellschaft mbH (MPG) in Schwerin gegründet und die Deutsche Bahn AG (DB AG) beschloss, bei der Transrapid-Verbindung „Berlin – Hamburg" die Funktion des Bestellers und Betreibers zu übernehmen.

Im Mai 1998 standen schließlich alle Signale für den Bau der zirka 10 Milliarden Mark teuren Referenzstrecke auf Grün. Auch das Volksbegehren in Brandenburg gegen den Transrapid scheiterte. Es sah so aus, als ob nichts den Magnetschwebeflitzer aufhalten könne. Ein paar Monate später erfolgte der erste Spatenstich. Doch es kam immer wieder zu Einsprüchen und Terminverschiebungen. Außerdem vermutete man, dass die Kosten geschönt wurden. Die Kosten für den Bau der Strecke waren von der alten Bundesregierung mit rund sechs Milliarden Mark beziffert worden. Inzwischen hatte sich herausgestellt, dass die aufwendige Trasse mit den Betonstelzen zwei bis drei Milliarden Mark mehr kosten würde. Auch die Prognosen für das zukünftige Verkehrsaufkommen mussten revidiert werden. Statt ab 2010 alljährlich 12 bis 14 Millionen Reisende transportieren zu können, rechnete die Deutsche Bahn AG nur mit 6,3 Millionen Kunden.

Dann ging alles Schlag auf Schlag: Eine erneute Kostenanalyse ließ einen weiteren Baukostenanstieg voraussehen. Schnell wurde eine eingleisige statt zweigleisige Streckenführung diskutiert, doch das finanzielle und logistische Risiko war für alle — Magnetzug-Hersteller eingeschlossen — zu hoch. Siemens und Adtranz stiegen aus dem waghalsigen Projekt aus. ThyssenKrupp drohte mit Schadensersatz. Doch als sich selbst die DB AG aus Angst vor einer Fehlinvestition gegen den Transrapid entschied, verlief die geplante Referenzstrecke im Sand. Statt die 264 Kilometer lange Strecke mit 400 km/h in 53 Minuten zurückzulegen, bewältigt nun der 230 km/h schnelle ICE-T die Distanz in eineinhalb Stunden.

Einsatz als Metrorapid

Nach dem Debakel mit der geplatzten Transrapid-Strecke "Berlin – Hamburg" wollte niemand mehr über eine Fernverbindung für den Magnetschwebezug reden. Dennoch ergaben sich Alternativen. Der Transrapid kann nicht nur sehr schnell fahren, sondern auch exzellent beschleunigen. Diese Kombination würde also auch für den Einsatz auf Kurzstrecken sprechen. Zwei Strecken als "Super S-Bahn" kamen bisher in Deutschland in Betracht:

- eine 37 Kilometer lange Verbindung von der Münchner Innenstadt zum außerhalb liegenden Flughafen

- eine 80 Kilometer lange Metrorapid-Verbindung "Dortmund –
Essen – Düsseldorf".

Im Januar 2002 stellte Bundesverkehrsminister Kurt Bodewig offiziell in Berlin die Machbarkeitsstudien für zwei mögliche deutsche
Transrapid-Strecken vor. Das Ergebnis: Sowohl die bayerische
Strecke vom Münchner Hauptbahnhof zum Flughafen der Stadt, als
auch die Ruhrgebiets-Trasse, welche Dortmund und Düsseldorf
verbinden soll, könnten wirtschaftlich, umweltverträglich und technisch einwandfrei betrieben werden. Im Februar gab er die Entscheidung über die Aufteilung der Bundesmittel für die geplanten
Magnetbahnstrecken in Nordrhein- Westfalen und Bayern offiziell
bekannt: Für den Metrorapid zwischen Dortmund und Düsseldorf
wolle der Bund 1,7 Milliarden Euro Zuschuss bezahlen, für die
Strecke zwischen Münchner Flughafen und Hauptbahnhof 550 Millionen Euro. Der Bund hat für den Transrapid insgesamt 2,3 Milliarden Euro eingeplant, die vom darauf folgenden Jahr an zur Verfügung stehen sollten. Auch der Landtag in Düsseldorf sprach sich
für den Bau der Magnetschwebebahn Metrorapid aus. Zudem gab
das Parlament rund 23 Millionen Euro Haushaltsmittel für die
nächsten Planungsschritte frei. Im Januar 2003 begann das Projekt
in Nordrhein-Westfalen zu wackeln. Im Juni 2003 kam schließlich
nach langem Hin und Her das endgültige Aus für den Metrorapid.
Statt des 3,2 Milliarden Euro teuren Magnetschwebezuges solle eine Metro-S-Bahn zwischen Dortmund und Köln kommen.
München dagegen hielt zu jener Zeit immer noch eine Schwebe-
bahnverbindung von der Innenstadt zum Flughafen für sinnvoll.
Wegen einer unerwarteten Kostenexplosion ist jedoch der Bau des
Münchner Transrapids geplatzt. Ein halbes Jahr nach dem Ab-
schluss einer Realisierungsvereinbarung wurde die Planung für die
40 Kilometer lange Strecke zwischen Hauptbahnhof und Flughafen
am 27. März 2008 gestoppt. Die Industrie hatte ihre Kostenkalkula-
tion zuvor überraschend von 1,85 auf 3,4 Milliarden Euro fast ver-
doppelt.

Zukunftsaussichten für den Transrapid und die TVE

Die Zukunft für den Transrapid in Deutschland sieht sehr düster
aus. Es sind bis heute keine weiteren innerdeutschen Referenzstrecken geplant und selbst die Versuchsanlage im Emsland sollte bereits 2009 stillgelegt und abmontiert werden. Später verschob sich
dieser Termin auf April 2010, dann wurde Ende 2010 angegeben.
Als dieses Datum näher rückte, versprach der Bund eine letztmalige

Förderung der Transrapid-Versuchsstrecke in Höhe von 5,9 Millionen Euro für 2011.
Letzte Hoffnungen werden an verschiedene Machbarkeitsstudien im Ausland geknüpft. Die deutsche Transrapid-Technik wird in den Niederlanden, den USA, in Großbritannien, in der Schweiz und im Nahen Osten in Erwägung gezogen. Im Gespräch ist außerdem, die Transrapid-Kerntechnik auch ins Ausland zu verkaufen.[19]

4.2   Beginn des Rückbaus schon angelaufen?

Lathen: Elektroautos statt Transrapid

… An dem geplanten Rückbau ab Januar nächsten Jahres werde sich nichts ändern. Insgesamt muss der Bund dafür 40 Millionen Euro zahlen. Die Transrapid-Betreibergesellschaft wiederum hat sich verpflichtet, den Rückbau nach Ablauf der Betriebsgenehmigung Ende des Jahres umzusetzen. Was das neue Projekt nun für die rund 50 verbliebenen Mitarbeiter in Lathen bedeutet, ist noch unklar. Laut Betriebsrat wurden bis jetzt keine Kündigungen ausgesprochen. … [20]

Die vorstehende Meldung datiert vom 21.11.2011, sodass der Rückbau bereits im Januar 2012 angelaufen sein müsste.

---

[19] http://www.hochgeschwindigkeitszuege.com/deutschland/transrapid.php
[20] http://www.ndr.de/regional/niedersachsen/emsland/transrapid287.html

Technische Daten des Transrapid 09

Zug- / Baureihenbezeichnung:	Transrapid 09
Einsatzland:	Deutschland
Hersteller:	ThyssenKrupp-Transrapid
Zugtyp	Triebzug
Anzahl der Endwagen:	2 Endwagen
Anzahl der Mittelwagen:	1 Mittelwagen
Anzahl der Sitzplätze 1. / 2. Klasse / Restaurant:	**Ursprünglich:** --- / --- / (148 insg.) **Heute:** --- / --- / --- (156 insg.)
Baujahre:	2006 - 2007
Inbetriebnahme:	Juli 2008
Technisch zugelassene Höchstgeschwindigkeit:	505 km/h
Höchstgeschwindigkeit im Plandienst:	430 km/h
Normale Höchstgeschwindigkeit im Plandienst:	350 km/h
Beschleunigung des Zuges:	1,3 m/s^2
Jakobsdrehgestelle:	Nein
Neigetechnik:	Nein
Zug fährt auch in Traktion:	Nein
Kleinster Kurvenradius:	270 m
Länge / Breite / Höhe der Endwagen:	--- / 3700 / 4250 mm
Leergewicht:	170 t
Zuglänge:	75,8 m
Angaben ohne Gewähr	

Quelle: http://www.hochgeschwindigkeitszuege.com/deutschland/transrapid.php

5.   **Informationen zur unteren Ems und zum Emskanal**

... Im weiteren Verlauf dient der Fluss als Bestandteil des Dortmund-Ems-Kanals der kommerziellen Schifffahrt, unterhalb von Papenburg zudem als *Transportweg für Großschiffe der Meyer-Werft*. Wegen der immer größeren Schiffseinheiten, die auf der Meyer-Werft insbesondere für den Kreuzfahrtbereich gefertigt werden, muss die Ems mit Hilfe des Emssperrwerkes bei Gandersum aufgestaut werden. Nur so ist eine ausreichende Wassertiefe für die Überführung der Kreuzfahrtschiffe in die Nordsee möglich. Bisher durfte dieser „Staufall" nur in den Wintermonaten (16. September bis 14. März) durchgeführt werden, um Rücksicht auf die brütenden Vögel im Deichvorland der Ems zu nehmen, da ihre Gelege sonst überflutet würden. Die Meyer-Werft drängt aus wirtschaftlichen Erwägungen auch auf die Möglichkeit eines Staus und einer Schiffsüberführung im Sommer. Es existieren aktuell auch Pläne für den Bau eines Kanals von Papenburg nach Leer zu Entlastung der Ems bei Schiffsüberführungen der Meyer-Werft. Angedacht ist auch eine Verlängerung des geplanten Emskanals über Papenburg hinaus bis zum Dortmund-Ems-Kanal bei Dörpen.[9] Eine Machbarkeitsstudie ist in Auftrag gegeben worden.[10] Der Kanalneubau könnte dann eine Renaturierung des Flusses zwischen Papenburg und Leer bedeuten.[11] ... [21]

[9.]↑ Ems-Kanal - Eine Wasserstraße als Manöver. In: tageszeitung. Abgerufen 5. März 2009.

[10.]↑ Landkreis Leer: Emskanal. Machbarkeitsstudie als nächster Schritt. Abgerufen 5. März 2009.

[11.]↑ WWF: 9 Fragen und Antworten zum geplanten Ems-Kanal. Abgerufen 5. März 2009.

Ems-Kanal

Bauvorhaben von Leer bis Papenburg oder bis Dörpen?

23. Januar 2009 - Die Niedersächsische Landesregierung hat das Projekt eines Ems-Kanals als zu prüfende Alternative bezeichnet. Damit sollen die Schlickprobleme und die Vertiefungen des Flusses gelöst werden. Ministerpräsident Christian Wulff hält eine Machbarkeitsstudie für sinnvoll. Der Kanal parallel der Ems zwischen Papenburg und Leer auf einer Länge von 15 Kilometer soll der Überführung von Schiffen der Meyer-Werft dienen.

---

[21] Ems, unter: http://de.wikipedia.org/wiki/Ems.

BUND und WWF haben unter Federführung der Umweltstiftung WWF den Vorschlag entwickelt. Die gravierenden ökologischen Probleme bedingt durch kontinuierliche Vertiefungen der Ems für die Schiffüberführungen sollen damit einer Lösung zugeführt werden.

Dr. Holger Buschmann, NABU-Landesvorsitzender, erklärte: „Ein Emskanal ist ein interessanter Vorschlag. Zu dem Vorhaben liegen allerdings bislang keine Daten und Unterlagen vor. Erst damit wäre eine fachliche Einschätzung überhaupt möglich. Für uns bleibt die Verlagerung der Werft prioritär und die Diskussion um einen Kanal darf nicht dazu führen, dass die direkt vor uns liegenden Probleme wie Sommerstau und Verwallungen der Ems aus dem Fokus geraten. Wassergüte und -lebensgemeinschaften an und in der Ems müssen gesichert und ihre Entwicklungen verbessert werden. Mögliche Lösungsvorschläge für eine weitere Zukunft zu diskutieren entbinden nicht davon, die Ems als FFH-Gebiet zu sichern, indem das Klagverfahren zurückgezogen wird. Die Ems sollte als Fluss wiederhergestellt und erhalten werden. Daher bekräftigen wir zum geplanten Sommerstau unsere ablehnende Haltung."[22]

Meyer-Werft

Ems-Kanal für Kreuzfahrtschiffe nimmt Konturen an

07.01.2010, 06:00

Nach dem Stapellauf des Luxusliners "Aidablu" hat die Werft im niedersächsischen Hinterland mal wieder ein Problem: Wie den Riesen-Pott Richtung Nordsee bugsieren, ohne die Ems weiter zu schädigen? Nun wird der Bau einer Wasserstraße erwogen.

von Kai Schöneberg Hamburg

Hoch wie ein Wolkenkratzer und gut 32 Meter breit ist die "Aidablu", Platz für über 2000 Gäste hat der neue Luxusliner mit dem Kussmund, der am Dienstag die Dock-Hallen der Meyer-Werft im Papenburg verließ. Mit dem 71.000-Bruttoregistertonnen-Schiff ist erneut ein Ozeanriese der Rostocker Reederei Aida Cruises vom Stapel gelaufen - mitten im niedersächsischen Hinterland.

Am 9. Februar soll die Mode-Designerin Jette Joop das 252 Meter lange Schiff in Hamburg taufen. Doch davor steht noch die 15 Kilometer lange Überfahrt durch die Ems zum Dollart. Für tausende

---

[22] http://niedersachsen.nabu.de/themen/fluesse/ems/10477.html

Schaulustige an den Ufern des Flüsschens wird die Aktion Mitte Januar zum Riesen-Event. Naturschützer mahnen: Da die Ems für derartige Schiffsüberführungen regelmäßig gestaut und zudem ständig ausgebaggert werden muss, sterben Fluss und Umgebung langsam - Fischen fehlt Sauerstoff, Vögeln die Nahrung. Offenbar ist zudem der Schlick, der beim Aufstauen dess Flusses über die Ufer tritt, stark mit krebserregendem PCB und Dioxin belastet.[23]

Aus den Regionen | 07.09.2011

Umweltverbände: Keine Chance mehr für Emskanal

Bremen/Leer - Der Bau eines Emskanals quer durch Ostfriesland hat keine Chance mehr. Nach einem unabhängigen Gutachten bringt die umstrittene diskutierte Kanalverbindung zwischen Leer und Papenburg keine ausreichende ökologische Verbesserung des Flusses. Das erklärten am Freitag die drei Umweltverbände Nabu, Bund und WWF, die das Gutachten in Auftrag gegeben hatten.
Die Umweltschutzverbände wollen daher die Kanalidee nicht weiter verfolgen. Stattdessen sollen Alternativen geprüft werden, um die Ems zu renaturieren. Der Fluss leidet nach vielen Ausbaggerungen für Schiffsüberführungen der Papenburger Meyer Werft an Sauerstoffmangel und Verschlickung.[24]

Umstrittenes Projekt   23. März 2011, 20:15 Uhr

Suche nach Alternativen zum Emskanal

Nach der umstrittenen Idee eines Emskanals quer durch Ostfriesland werden jetzt Alternativen zu dem milliardenschweren Projekt gesucht. Es sollen weitere technische Möglichkeiten geprüft werden, um die Gewässerqualität des Flusses und die massiven Schlickprobleme zu verbessern, sagte Franz-Josef Sickelmann von der Regierungsvertretung Oldenburg am Mittwochabend in Leer. Im Herbst werde ein entsprechendes Gutachten in Auftrag gegeben, die Ergebnisse sollen 2012 vorliegen. Die jetzt vorliegende Vorstudie zum Emskanal habe 120.000 Euro gekostet und werde im Internet veröffentlicht.[25]

---

[23] Financial Times Deutschland, unter: http://www.ftd.de/politik/deutschland/:meyer-werft-ems-kanal-fuer-kreuzfahrtschiffe-nimmt-kontu ren-an/50056724.html.
[24] LAND & Forst, unter: http://www.agrarheute.com/keine-chance-fuer-umstrittenen-emskanal.
[25] Radiobremen – Politik & Wirtschaft, unter: http://www.radiobremen.de/politik /nachrichten/ politikleeremskanal100.html.

Jetzt sollen Gutachter entscheiden

Die Ems, der Schlick und die Millionen: Welche Lösung ist im Kampf gegen den Problemschlamm die beste?

Autor: *Dirk Fisser*

Osnabrück. Die Ems kostet Geld – viel Geld: Fast eine halbe Milliarde Euro an Steuergeldern hat der Kampf gegen den Schlick in den vergangenen 20 Jahren gekostet. Das geht aus Zahlen des Bundesverkehrsministeriums zu Unterhaltungsbaggerungen in Unter- und Außenems hervor. Doch der Bund will sparen, und deswegen beschäftigen sich derzeit zahlreiche kluge Köpfe und schnelle Rechner damit, wie man dem Schlickproblem Herr werden kann.

Die Ausgangslage: Wenn die Flut kommt, dann drückt sie Schlick emsaufwärts. So weit, so gut. „Die Ebbe ist aber zu schlapp, das Zeug wieder rauszubringen", bringt es Klaus Frerichs auf den Punkt. Er ist Leiter der Wasserschifffahrtsdirektion Nordwest mit Sitz im ostfriesischen Aurich. Die Ems ist so etwas wie sein Sorgenkind. Der Schlick bleibt zurück und wird von Flut zu Flut mehr. Ohne Eingriff wäre die Unterems, die Flussstrecke zwischen Herbrum bei Papenburg und Mündung in den Dollart, bald für Schiffe nicht mehr befahrbar. ***Das gilt nicht nur für die riesigen Kreuzfahrtschiffe, sondern auch für kleinere Kähne.*** Die Häfen in Papenburg, Leer oder Ditzum im Rheiderland stünden vor dem Aus. Aber auch der Hafen Emden wäre in Gefahr.

Die Gegenmaßnahmen: Damit dies nicht geschieht, wird seit Jahren gebaggert. Nach den Zahlen des Bundesverkehrsministeriums wurden in den vergangenen 20 Jahren über 165 Millionen Kubikmeter Erde aus der Ems gebuddelt. Das hat an die 400 Millionen Euro gekostet. Damit aber nicht genug: Wenn die Bagger zwischen Papenburg und Emden aktiv sind, kann der Schlick nicht einfach neben den Fluss gekippt werden. Über Rohrsysteme wird er auf Spülfeldern entsorgt. Kostenpunkt pro Jahr: zusätzlich drei bis vier Millionen Euro. Und es wird nicht billiger. „Für Unterhaltungsbaggerungen zur Erhaltung der verkehrlichen Infrastruktur an der Ems sind im Bundeshaushalt 2012 16 Millionen Euro für die Außenems und 17 Millionen Euro für die Unterems veranschlagt", heißt es auf Nachfrage aus dem Ministerium.

Lenkungsgruppe: Jahrelang wurde erbittert gekämpft für eine Verbesserung der Situation – sowohl in der Schlickfrage als auch hinsichtlich Naturschutzaspekten. Mittlerweile sitzen alle Parteien an

einem Tisch: Landwirtschafts-, Umwelt- und Wirtschaftsministeri-
um, die Landkreise Leer und Emsland, die Umweltverbände NA-
BU, WWF und BUND, das Wasser- und Schifffahrtsamt sowie die
Meyer Werft treffen sich in einer „Lenkungsgruppe Ems". Die hat
jetzt ein sogenanntes hydromorphologisches Gutachten in Auftrag
gegeben. Das klingt kompliziert, ist aber im Prinzip nur Folgendes:
Fachleute sollen ermitteln, welche der zahlreichen Lösungsideen
die beste für die Ems ist. Mehrere Ansätze sind im Gespräch.

...

So geht's weiter: Im Moment liegt die Zukunft der Ems in den
Händen von Franz-Josef Sickelmann. Er steht der Regierungsvertretung Oldenburg vor. Die Lenkungsgruppe hat seiner Behörde den
Auftrag erteilt, ein vergleichendes hydromorphologisches Gutachten auf den Weg zu bringen. Alle Ansätze sollen auf Machbarkeit
und Erfolgsaussichten hin überprüft werden. „Denkbar wäre auch,
dass einzelne Ideen kombiniert werden", sagt Sickelmann. Lediglich sechs bis sieben Architekturbüros europaweit seien in der Lage,
dies zu leisten, schätzt der Behördenleiter. Im Mai soll die Auftragsvergabe erfolgen. Frühestens in anderthalb Jahren rechnet Sickelmann mit einem Ergebnis.
Egal, wie das Gutachten ausfallen wird, fest steht: die Maßnahmen
werden gigantisch – gigantisch teuer.[26]

---

[26] Neue Osnabrücker Zeitung vom 15.02.2012, S. 5 (NORDWEST).

6. Informationen zum Emssperrwerk

6.1 Darstellung

Das Emssperrwerk bei Gandersum - Sturmflutschutz und Staufunktion

Der 18. Luxusliner passierte das Ems-Sperrwerk: Vorverlegte Ems-Passage der Disney Fantasy verlief ohne Probleme

Zum 18. Mal passierte am Freitagabend (20. Januar 2012) ein Luxusliner das Ems-Sperrwerk bei Gandersum: Das 340 Meter lange und 37 Meter breite Kreuzfahrtschiff Disney Fantasy erreichte gegen 20 Uhr nach achtstündiger Fahrt das Sperrwerk des NLWKN (Niedersächsischer Landesbetrieb für Wasserwirtschaft, Küsten- und Naturschutz) und glitt wenig durch die 60 Meter breite Hauptschifffahrtsöffnung, um dann nach Eemshaven weiterzufahren. Trotz Regen- und Hagelschauer verfolgten wieder zahlreiche Zuschauer das Spektakel. Die Überführung war kurzfristig auf Freitag vorverlegt worden, weil Witterungs- und Tideverhältnisse letztlich wesentlich besser waren als Samstag. Um die Ems-Passage überhaupt zu ermöglichen, hatte das Team am Sperrwerk mit Reinhard Backer an der Spitze bereits am Donnerstagabend (19. Januar 2012) das Emssperrwerk geschlossen: Die Ems zwischen Papenburg und Gandersum - das sind rund 30 Kilometer - wurde aufgestaut und so der für die Überführung notwendige Wasserstand hergestellt. Seit der Inbetriebnahme des Sperrwerks im Jahr 2002 wurden 23 Schiffe überführt: 18 Kreuzfahrtschiffe, eine Autofähre und vier Containerschiffe.

Das Emssperrwerk bei Gandersum – Sturmflutschutz und Staufunktion

Das Emssperrwerk bei Gandersum ist eines der modernsten Sperrwerke in Europa und seit September 2002 in Betrieb. Der NLWKN unterhält und betreibt das Emssperrwerk.

Das 476 Meter lange Bauwerk erfüllt zwei Hauptaufgaben.
Zum einen verbessert es den Sturmflutschutz an der Ems und im Leda-Jümme-Gebiet erheblich: Das Sperrwerk kehrt Sturmfluten, die höher als 3,70 Meter über Normalnull auflaufen und gewährleistet dadurch einen deutlich höheren Sicherheitsstandard als eine kontinuierliche Anpassung der 110 Kilometer langen Hauptdeiche entlang der Unterems, die erfahrungsgemäß alle 30 bis 40 Jahre erforderlich wäre. Das Sperrwerk hat sich als Küstenschutzbauwerk längst be-

währt: Von Dezember 2005 bis März 2008 wurde das Sperrwerk siebenmal aus Sturmflutgründen geschlossen.

Die Staufunktion des Sperrwerkes sichert zum anderen die Flexibilität des Schifffahrtsweges Ems zwischen Papenburg und Emden und damit den Erhalt der Wirtschaftskraft der Region. Das maximale Stauziel von 2,70 Metern über Normalnull erlaubt die Überführung von Schiffen mit einem Tiefgang von bis zu 8,50 Metern bei einer Breite von bis zu 38 und einer Länge von bis zu 300 Metern.

Die juristischen Auseinandersetzungen um die Rechtmäßigkeit des Emssperrwerkes sind inzwischen abgeschlossen. Das Sperrwerk beschäftigte die Gerichte seit 1998: Damals erging zwei Monate nach dem ersten Rammschlag ein Baustopp - angeordnet vom Verwaltungsgericht Oldenburg. Am 5. Dezember 2006 schließlich ging das Verfahren zu Ende - mit einem Vergleich. Das Bundesverwaltungsgericht zog damit einen Schlussstrich unter das seit 1998 anhängige Verfahren. Das Land Niedersachsen hat sich in dem Vergleich verpflichtet, insgesamt neun Millionen Euro für Maßnahmen zur Verbesserung der ökologischen Gesamtsituation an der Ems zur Verfügung zu stellen. Mit dem Vergleich ist der Planfeststellungsbeschluss für das 2002 fertig gestellte Bauwerk in der Ems rechtskräftig (Beschluss siehe hier). Inzwischen gibt es einen weiteren Planfeststellungsbeschluss - den zum Sommerstau der Ems (Beschluss siehe hier).

Das Ende 2007 vorgestellte Gutachten der Bundesanstalt für Wasserbau (BAW) zu den Auswirkungen des Emssperrwerkes auf die Sturmflutwasserstände unterhalb des Bauwerkes finden Sie als pdf-Datei hier, ebenso die Auswertung des ersten und zweiten Probestaus (Auswertung der phsikalisch-chemischen Messdaten).[27]

6.2 Kritik

Emsstau flutet Vogelgelege und ertränkt Jungvögel/Betretungsverbot für Naturschützer
Quelle: NABU Niedersachsen

Hauptsache, es sieht keiner...

Papenburg/Hannover – Zur Überführung des Kreuzfahrtschiffes „Celebrity Equinox" an diesem Wochenende wird die Ems auf 2,20 Meter über Normalnull aufgestaut. Die Schiffsüberführung wird

---

[27] http://www.nlwkn.niedersachsen.de/portal/live.php?navigation_id=8434&article_id=45676&_ps mand =26

zum Ertrinken von Jungvögeln und Überflutung von Gelegen geschützter Vogelarten führen, kritisiert der NABU Niedersachsen.

Der NABU hatte gemeinsam mit vier weiteren Naturschutzverbänden eine Genehmigung zum Betreten der Schutzgebiete während des Anstaus der Ems beantragt, um die Auswirkungen des Ansteigenden Wassers auf die vorhandene Tierwelt erfassen zu können. In der Ablehnung des Antrags wird ausdrücklich darauf verwiesen, dass das Betreten des NSG das Betreten der Deichflächen voraussetzt. Das Betreten des Deiches ist jedoch nach § 14 (1) Nds. Deichgesetz verboten. Also dürfen aufgrund der bestehenden gesetzlichen Bestimmungen weder die geschützten Flächen an der Ems noch die Emsdeiche von Besuchern betreten werden. Dies gelte auch bei der anstehenden Schiffsüberführung und nicht nur für Naturschützer, so der NABU Niedersachsen.

Dr. Holger Buschmann, NABU-Landesvorsitzender, erklärte: „Wenn die Behörde eine so strenge Beurteilung zur Betretung anlegt, so sollte dies im gleichen Umfang für alle gelten. Außerdem muss deutlich das hervorgehobene Verbot zum Betreten der Deiche den Schaulustigen gegenüber erklärt werden. Es muss hier gleiches Recht für alle gelten. Sonst gibt es den Anschein, es soll verhindert werden, dass das Geschehen im Deichvorland dokumentiert wird. Denn die Auswirkungen auf die Vogelbruten und Gelege dürfen nicht schöngeredet werden. Der NABU erwartet vom Landkreis Leer exakte Angaben über die Auswirkungen, auch wenn eine Überprüfung aufgrund der vorliegenden Situation nicht möglich ist."

Der Landkreis betonte den Verbänden gegenüber, dass das Betretungsverbot des Naturschutzgebietes (NSG) das geltende allgemeine Störungsverbot nach Paragraf 3 Niedersächsisches Naturschutzgesetz konkretisiert, und deshalb dazu beiträgt, das Gebiet weit möglichst frei von menschlichen Einflüssen zu halten. Da die Deichvorlandflächen in den Gebietskulissen der Vogelschutzgebiete im Außendeichsbereich der Ems im Landkreis Leer ebenfalls als NSG ausgewiesen worden sind, gelten die Schutzbestimmungen der NSG-Verordnung auch bei den anstehenden Schiffsüberführungen. Das NLWKN fordert die Einhaltung dieser Bestimmungen ebenfalls in der Genehmigung des Sommerstaus.

Dr. Holger Buschmann, NABU-Landesvorsitzender: „Die Befreiung ist uns vom Landkreis Leer nicht erteilt worden. Als Begründung wurde darauf verwiesen, dass die erst dieses Jahr (28. Januar 2009) erlassene Verordnung über das Naturschutzgebiet ‚Emsauen zwischen Ledamündung und Oldersum' untersagt, das Schutzgebiet zu betreten oder auf sonstige Weise aufzusuchen. Dies hat uns ausgesprochen verwundert, da dies den Zuschauern der Schiffsüberführung bisher noch nicht mitgeteilt wurde. Hier wird offensichtlich mit zweierlei Maß gemessen!"

Zur Verbesserung der ökologischen und ökonomischen Bedingungen an der Ems hatten die Umweltverbände BUND Niedersachsen und NABU Niedersachsen und die Umweltstiftung WWF mit der Meyer-Werft Anfang dieser Woche eine „Emsvereinbarung" geschlossen, in die das Land Niedersachsen eingebunden ist. Die jetzige Schiffsüberführung liegt mit einer Stauhöhe von 2,20 Meter über NN innerhalb der zukünftig nicht mehr zulässigen Zeitspanne und wäre gemäß dieser Vereinbarung nicht zulässig. Mit der Vereinbarung hat die Meyer-Werft verbindlich zugesagt, in den nächsten 30 Jahren, während der Hauptbrutzeit der Wiesenvögel (1. April bis 15. Juli), keinen Anstau höher als 1,90 Meter über Normalnull durchzuführen.[28]

---

[28] http://stoppt-meyerwerft.de/?p=23#more-23

7. Zusammenfassung von Fakten und Einschätzungen

7.1 MEYER WERFT (nachfolgend: Werft)

Die Werft hat einen exzellenten Ruf beim Bau von Spezialschiffen erworben. Bisher wurden in Papenburg über 30 Luxusliner (Kreuzfahrtschiffe) gebaut; dazu kommen Auto- und Passagierfähren sowie RoRo-Schiffe[29].

Das Schwesterunternehmen, die NEPTUN WERFT GmbH mit Sitz in Rostock, baut Flusskreuzfahrtschiffe und ergänzt so das Angebot. Der Bau von Gastankern rundet das Portfolio ab.

Die Werft beschäftigt in Papenburg mehr als 2.500 Menschen. In zwölf (dreizehn) verschiedenen Berufen werden rund 300 junge Menschen ausgebildet.

Dazu kommen weitere 5.000 Arbeitskräfte, die direkt oder indirekt von der Werft abhängig sind.

Die Werft hat Beschäftigung bis in das Jahr 2015 (2014).

Die Werft investiert in die Zukunft (Produktionsanlagen, neue Arbeitsorganisationen, Erweiterung des Laserzentrums, konsequente Umsetzung des „Systems Schlanker Schiffbau", umfangreiche Anstrengungen im Bereich Forschung & Entwicklung – beispielsweise zahlreiche Projekte zum Bau umweltschonenderer Schiffe).

Die Werft hat sich zum weltweit drittgrößten Produzenten von Kreuzfahrtschiffen mit einem Marktanteil von 28 % entwickelt. Die komparativen Vorteile der Werft gegenüber Wettbewerbern sind auf den Einsatz innovativer Produktionstechnologien und -verfahren sowie auf die enge räumliche Vernetzung mit Zulieferern zurückzuführen.

---

[29] **Schiffstypen - RoRo-Schiff** – Ro-Ro-Schiff steht für Roll-On-Roll-Off-Schiff und bezeichnet einen Schiffstyp, der zumeist rollende Ladung (wheeled cargo) transportiert. Hierbei werden die Ladung und die Löschung durch Bug-, Seiten- oder Heckluken durchgeführt. Die Ladung selbst, z.B. Lastzüge, Pkw und Schienenfahrzeuge, verteilt sich dabei auf befahrbaren Decks im Inneren, die sich über die gesamte Länge des Schiffes erstrecken. Die Decks sind oftmals höhenverstellbar, wodurch eine bessere Beladung des Schiffes gewährleistet wird. Der Vorteil bei diesem Typ ist die hohe Umschlaggeschwindigkeit, da das Umladen oftmals entfällt und dadurch eine kurze Hafenliegezeit ermöglicht wird. So können beispielsweise LKW mit samt ihrer Fracht auf das Schiff und am Zielhafen einfach wieder vom Schiff fahren., unter: http://www.schiffsbeteiligungen.at/schiffstypen-roro-schiff.html.

Die Werft ist eine der modernsten Werften der Welt und ist eines der bedeutendsten Unternehmen der Region.

Die Werft will noch größere Schiffe als bisher bauen.

Um die Wettbewerbsposition der Werft und die damit verbundene Auftragslage dauerhaft erhalten zu können, ist zukünftig eine flexible Ems-Stauregelung von grundlegender Bedeutung für den Fortbestand der Werft.

Die Werft hat sich in diesem Zusammenhang immer wieder der öffentlichen Standortdiskussion gestellt und für sich geprüft, welche Möglichkeiten bestehen, die Auswirkungen der Überführungen auf die Ems zu minimieren.

Kritiker hingegen streben eine Standortverlagerung an die Nordseeküste – komplett oder teilweise – an.

Zur Diskussion um eine örtliche Verlagerung der Werft wird auf den vorstehenden Beitrag von *Heseler/Hickel* zu dem Gutachten *„Die regionalökonomische Bedeutung der Meyer Werft GmbH Papenburg für die Landkreise Emsland und Leer"* des Niedersächsischen Instituts für Wirtschaftsforschung verwiesen, das von den Landräten der Landkreise Emsland und Leer in Auftrag gegeben wurde.

Nach diesem Gutachten kann die Werft bei der Planung einer Verlagerung oder dem Bau eines neuen Docks keine Subventionen in relevantem Umfang einkalkulieren.

7.2   Magnetschwebebahn Transrapid auf der Transrapid-Versuchsanlage Emsland (TVE)

Die Entwicklungsgeschichte der Magnetschwebebahn geht auf *Hermann Kemper*[30] aus Nortrup zurück.

In Deutschland setzte sich die Langstatortechnik von Thyssen Henschel durch. Der Antrieb liegt im Fahrweg. Dies macht die Herstellung des Fahrweges sehr teuer, denn es müssen entlang der ganzen

---

[30] **Nestor der Magnetfahrtechnik - *Hermann Kemper*** (1892-1977). *Hermann Kemper* gilt als "Nestor der Magnetfahrtechnik". Bereits als Student der Elektrotechnik an der damaligen Technischen Hochschule in Hannover hatte er die Idee, die Räder der Eisenbahn durch schwebende Elektromagnete zu ersetzen, um dadurch den Eisenbahnverkehr leiser, sicherer und schneller zu machen. Erst 1927 mit der Rückkehr nach Nortrup (Landkreis Osnabrück) zur Übernahme der elterlichen Fleischwarenfabrik, verfügte er über die Mittel, seine Vision in die Tat umzusetzen und den ersten Elektromagneten zum Schweben zu bringen. ... , unter: http://www.osnabrueck.de/7133.asp.

Trasse fortlaufende Motorwicklungen installiert werden. Als Vorteile werden das leichte Gewicht der Magnetschwebebahn und vor allem die gute Anpassbarkeit des Fahrwegs an das Terrain hervorgehoben. Kunstbauten wie Brücken oder Tunnel werden auf ein Mindestmaß reduziert.

Eine neue Transrapid-Versuchsstrecke entstand 1980 nach der Internationalen Verkehrsausstellung in der Heimat des Ideengründers, genauer gesagt bei den Orten Dörpen und Lathen.

Auf der weltweit größten Teststrecke für Magnetbahnfahrzeuge erreicht der Zug Spitzengeschwindigkeiten bis zu 450 km/h.

Hochgeschwindigkeitsfahrten auf der 31,5 km langen Versuchsstrecke sind jedoch nicht möglich.

Der Transrapid kann nicht nur sehr schnell fahren, sondern auch exzellent beschleunigen. Diese Kombination spricht auch für den Einsatz auf Kurzstrecken.

Ein bitterer Rückschlag für den deutschen Transrapid war der verheerende Unfall am 22.09.2006 auf der Versuchsanlage im Emsland. Ein Zug der Serie 08 mit 30 Personen an Bord prallte mit einem Werkstattwagen zusammen. 23 Personen starben, 10 konnten teils schwerverletzt geborgen werden. Als Unglücksursache wurde zunächst menschliches Versagen angegeben, aber es gibt auch Hinweise auf mangelhafte Sicherheitsvorkehrungen.

Im März 2007 wurde der Transrapid 09 als die die neueste Generation der deutschen Magnetschwebebahn der Presse vorgestellt.

Die Transrapid- bzw. Metrorapidprojekte in Deutschland (Essen – Köln, Hamburg – Berlin, München-Innenstadt – Flughafen München, Dortmund – Essen – Düsseldorf) waren primär aus Kostengründen zum Scheitern verurteilt („Kostenexplosion").

Die Zukunft für den Transrapid sieht sehr düster aus. Weitere deutsche Referenzstrecken sind nicht in der Planung. Mit dem Rückbau der Versuchsanlage im Emsland wurde wohl Anfang 2012 begonnen. Zuletzt versprach der Bund eine Förderung von 5,9 Mill. Euro für das Jahr 2011.

Letzte Hoffnungen werden an verschiedene Machbarkeitsstudien im Ausland geknüpft: Die deutsche Transrapidtechnik wird in den Niederlanden, den USA, in Großbritannien, in der Schweiz und im Nahen Osten in Erwägung gezogen.

Und was ist mit Shanghai/China? – Der Transrapid Maglev ist die schnellste und bequemste Möglichkeit, vom Internationalen Flughafen Pudong in die Innenstadt von Shanghai zu fahren. Die Transrapid-Magnetschwebebahn in Shanghai wurde erst 2003 fertig gestellt und ist damit der erste seiner Art weltweit. Für rund fünf Euro kann man mit dem Hochgeschwindigkeitszug zwischen dem Flughafen Shanghai und der U-Bahn-Station in der Long-Yang-Straße mit bis zu 430 Stundenkilometer fahren. Für die rund 30 Kilometer lange Fahrt benötigt der Transrapid Maglev nur rund 8 Minuten. ... [31]

Im Gespräch ist, die Transrapid-Kerntechnik auch ins Ausland zu verkaufen.

7.3 Ems, Emssperrwerk und Emskanal

Die Ems dient als Bestandteil des Dortmund-Ems-Kanals der kommerziellen Schifffahrt, unterhalb von Papenburg zudem als Transportweg für Großschiffe der MEYER WERFT.

Wegen der immer größeren Schiffseinheiten muss die Ems mit Hilfe des Emssperrwerks bei Gandersum aufgestaut werden, um eine ausreichende Wassertiefe für die Überführung der Kreuzfahrtschiffe zu erreichen.

Das 476 Meter lange Bauwerk erfüllt zwei Hauptaufgaben: Verbesserung des Sturmflutschutzes, Sicherung der Flexibilität des Schifffahrtweges Ems zwischen Papenburg und Emden und damit dem Erhalt der Wirtschaftskraft in dieser Region.

Das max. Stauziel von 2,70 m über Normalnull erlaubt die Überführung von Schiffen bis zu einem Tiefgang von bis zu 8,50 m bei einer Breite von 38 und einer Länge von max. 300 Metern.

Bisher durfte diese Aufstauungen mit Rücksicht auf die brütenden Vögel nur in den Wintermonaten durchgeführt werden.

Die MEYER WERFT drängt aus wirtschaftlichen Gründen auch auf die Möglichkeiten von Staus im Sommer.

Im Jahr 2009 hat die Niedersächsische Landesregierung das Projekt eines Emskanals parallel zur Ems zwischen Papenburg und Leer auf einer Länge von 15 Kilometern als zu prüfende Alternative bezeichnet. Ein Kanalneubau könnte, so hieß es, eine Renaturierung der Ems bedeuten.

---

[31] Shanghai China: Transrapid, unter: http://www.shanghai-china.de/shanghai/transrapid .php.

Die Umweltverbände sehen unter Bezugnahme auf ein unabhängiges Gutachten jedoch keine Chance mehr für den Emskanal, da diese umstritten diskutierte Kanalverbindung keine ausreichende ökologische Verbesserung der Ems bringt.

Es sollen stattdessen – so die Umweltverbände – Alternativen geprüft werden, um die Ems zu renaturieren. Der Fluss leidet nach den vielen Schiffsüberführungen der MEYER WERFT an Sauerstoffmangel und Verschlickung.

Nach Zahlen des Bundesverkehrsministeriums hat der Kampf gegen die Verschlickung der Ems in den vergangenen 20 Jahren fast eine halbe Milliarde Euro an Steuergeldern gekostet.

Der Schlick wird durch die Flut emsaufwärts gedrückt; die Ebbe ist zu schlapp, um den Schlick wieder emsabwärts zu drücken.

Ohne diese Eingriffe wäre die Unterems bald für Schiffe nicht mehr befahrbar. Das gilt nicht nur für die riesigen Kreuzfahrtschiffe, sondern auch für „kleinere Kähne". Die Häfen von Papenburg bis zur Emsmündung stünden ohne diese „Entschlickung" vor dem Aus, selbst der Emder Hafen wäre in Gefahr.

Probleme bereitet auch die Schlickentsorgung.

Fachleute sollen ermitteln, welche der zahlreichen Lösungsideen die beste für die Ems ist. Dazu soll auch ein vergleichendes hydromorphologisches Gutachten in Auftrag gegeben werden.

Wie auch das Gutachten ausfallen wird – die Maßnahmen werden wohl gigantisch und auch entsprechend teuer.

**8.   Kooperation von MEYER WERFT und Magnetschwebebahn –
         Vision oder blanke Utopie?**

8.1   „Große Lösung"

Als ehemaliger Emsländer (vgl. Anhang – „Aus der Vita des Verfassers") habe ich die seit vielen Jahren andauernde Berichterstattung und Diskussion über die MEYER WERFT, die Magnetschwebebahn Transrapid und die untere Ems aufmerksam verfolgt. Irgendwann kam mir die Idee, dass eine Kooperation zwischen der
MEYER WERFT und den Betreibern der Magnetschwebebahn
Transrapid auch schon wegen der örtlichen Nähe zu einer Prob-
lemlösung führen könnte.

Offenbar hat man bisher über eine solche „Große Lösung" nicht
nachgedacht, zumindest wurde sie nicht – soweit ich feststellen
konnte – publiziert. Vielleicht bin ich in meinen rein theoretischen
Gedanken auch zu weit von der praktischen Realisierung entfernt!?

Als Autor habe ich zum Thema eine – auch emotionale – Distanz,
was Raum und Struktur des (nördlichen) Emslandes und Ostfrieslands betrifft; auch hält sich mein Sach- und Fachverstand bezüglich Schiffbau, Magnetschwebetechnik und Windkraftenergie sehr
in Grenzen. Diese Distanz ist aber vielleicht von Vorteil, um sich
mit dieser Thematik unvoreingenommen zu befassen.

Ganz bestimmt ein Mammutprojekt, das nicht von heute auf morgen zu bewerkstelligen ist, aber im Falle einer Realisierung einen
gewaltigen Wirtschaftsschub für die Region bedeuten würde.

Man muss für den Fall einer Realisierung nicht in Jahren, sondern
wohl eher in Generationen denken und rechnen. Immerhin wurde
die MEYER WERFT 1795 gegründet und befindet sich in sechster
Generation im Familienbesitz.

Bei der „Großen Lösung" handelt es sich um ein innovatives Projekt, das wohl während der Bauzeit und danach auf Dauer subventioniert werden müsste.

8.2   Standortverlagerung der MEYER WERFT

Die MEYER WERFT plant in die Zukunft und hat somit auch Zukunft, weil die Reisen mit Kreuzfahrtschiffen boomen. Immer mehr
und noch größere Schiffe werden gebaut oder befinden sich im Bau.
Spitzenreiter ist zzt. die „Oasis of the Seas" (360 m lang, 47 m
breit, 9,15 m Tiefgang). Schiffe dieser Größenordnung können viel-

leicht (?) noch auf der MEYER WERFT in Papenburg gebaut werden, aber nicht mehr auf der Ems die Nordsee erreichen. Um konkurrenzfähig zu bleiben, muss sich die MEYER WERFT in etwa an diesen Dimensionen orientieren.

Deshalb scheint eine Verlagerung an die Nordsee (Emden) wohl unausweichlich. Kleinere Schiffe könnten weiter in Papenburg gebaut werden, sodass die Überführung nicht mehr das Problem ist. Allerdings: Auch für kleinere Schiffe muss die Ems von Schlick einigermaßen freigehalten werden.

Auch scheint es möglich, dass weiterhin Schiffsteile in Papenburg vorgefertigt werden, die dann zu der Nordsee-Werft für die Endmontage zu transportieren sind. Ein Teil der Belegschaft könnte so am Standort Papenburg auch für den Bau der Kreuzfahrtschiffe weiterhin Beschäftigung finden.

8.3   Transrapidstrecke zwischen Papenburg und dem Raum Emden

Der Bau einer solchen Transrapidstrecke zwischen Papenburg und Emden wird wegen der relativ dünnen Besiedelung nicht das unlösbare Problem sein (z.B. Parallelführung zur BAB A 31).

Je nach Streckenführung ist von einer Streckenlänge, die zwischen 50 und 70 km liegen dürfte, auszugehen.

Ein zwischen Papenburg und dem Raum Emden eingesetzter Transrapid könnte einen Teil der Belegschaft aus Papenburg, die für die neue Werft an der Nordsee erforderlich ist, in weniger als 15 Minuten zwischen Papenburg und dem Raum Emden im Pendelverkehr befördern. Flexible Arbeitszeiten sind dazu wahrscheinlich Voraussetzung.

Die Schiffsausrüstungsbetriebe und andere Werftzulieferer aus der Region Papenburg wären weiter im Geschäft, da die Papenburger Werft für den Bau kleinerer Schiffe erhalten bliebe und Schiffbaumaterial in Richtung Emden u.a. per Transrapid transportiert werden könnte. Das gilt auch für vorgefertigte Teilkonstruktionen, die von Papenburg zur neuen Werft zu transportieren wären.

Die Transrapidstrecke zwischen Papenburg und Emden sollte zur Erfüllung mehrerer Funktionen zweispurig gebaut werden:

a) Teststrecke

Dies setzt eine Demontage der bisherigen Teststrecke in Lathen/Dörpen voraus. Wegen der geringen Entfernung zwischen Papenburg und Dörpen dürfte es nicht problematisch sein, die Belegschaft örtlich zu verändern, zumal die Teststrecke Lathen/Dörpen keine Zukunft hat. Die Bauteile der Teststrecke Lathen/Dörpen wären nach Demontage für die Transrapidstrecke Papenburg-Emden verfügbar, sofern diese dann noch dem technischen Standard entsprechen.
Alternative:
Die Teststrecke Lathen/Dörpen hat weiterhin Bestand und wird – als weitere Option – an die Transrapidstrecke Papenburg-Emden angeschlossen.

b) Betriebsstrecke

Für den Personen- und Güterverkehr der MEYER WERFT zwischen Papenburg und dem neuen Standort (Emden) stünde die Strecke als Betriebsstrecke zur Verfügung. Denkbar ist auch eine zusätzliche Nutzung für den kommerziellen Personen- und Güterverkehr.

c) Referenzstrecke

Die Betreiber der Magnetschwebebahn Transrapid könnten für Deutschland eine Referenzstrecke anbieten, was der Magnetschwebetechnik im Allgemeinen und dem Transrapid im Besonderen sowie der deutschen Wirtschaft Aufschwung verleihen dürfte.

8.4 Energieversorgung durch Windkraft

Der Energiebedarf für den elektrischen Antrieb des Transrapid könnte zum Teil durch neu (zusätzlich) zu errichtende Windenergieanlagen abgedeckt werden (Offshore- und Onshore-Windkraft[32]).

---

[32] Mit **„Onshore-Windenergie"** bezeichnet man die klassische Nutzung der Windenergie an Land. ... Die bisher errichteten Windenergieanlagen haben sich bewährt und bewiesen, dass sie effizient und zuverlässig arbeiten. Es wird jedoch immer schwieriger, geeignete Flächen für neue Onshore-Windparks zu finden. Aus diesem Grund werden zukünftige Anlagen vorzugsweise nicht mehr an Land, sondern auf dem Meer errichtet. Diese **Offshore-Windparks** haben den Vorteil, keine Bebauungsfläche zu beanspruchen und stellen zudem abseits der Küste keine Beeinträchtigung des Landschaftsbildes dar. Zudem sorgen die höheren Windstärken auf dem Meer dafür, dass die Offshore-Anlagen mehr Strom produzieren können. ... , unter: http://www.energiewissen.at/windenergie/onshore-windenergie/index.php.

Dazu drängen sich die windreiche Küstenregion und die nahe Nordsee auf.

8.5   Finanzierung

Die Finanzierung eines solchen Projektes (Teilverlagerung der MEYER WERFT nach Emden, Bau einer Transrapidstrecke Papenburg-Emden, Errichtung neuer Windenergieanlagen) ist von bombastischer Dimension. Eine Größenordnung im zweistelligen Milliardenbereich für das Gesamtpaket erscheint realistisch.[33] Zu Bedenken sind aber die Vorteile eines solchen Projektes, das zudem Modellcharakter hätte:
-     Erhalt der Arbeitsplätze in der Region Papenburg (MEYER WERFT, Zulieferer),
-     (Teil-)Renaturierung der unteren Ems und dadurch Verbesserung der ökologischen Gesamtsituation an der Ems,
-     deutsche Referenzstrecke für die Magnetschwebebahn Transrapid,
-     zusätzliche Arbeitsplätze für die Bereiche MEYER WERFT (Bau größerer Kreuzfahrtschiffe), Magnetschwebebahn Transrapid (Bau, Betrieb, evtl. Erhalt der Teststrecke) und Windenergieanlagen (Bau, Betrieb),
-     endgültige Verabschiedung vom Emskanal.

An der Finanzierung müssten (könnten) sich beteiligen: der Bund, das Land Niedersachsen, der Landkreis Emsland und die ostfriesischen Landkreise, die Kommunen wie insbesondere Papenburg und Emden, die MEYER WERFT und die Betreiber der Magnetschwebebahn Transrapid. Wegen des Modellcharakters in den Bereichen „Forschung", „Verkehr" und „Energie" dürften auch EU-Mittel zu erwarten sein.

Zu bedenken gilt, dass der angedachte Bau und die Bauunterhaltung eines 15 km langen Emskanals zwischen Papenburg und Leer auch wohl etliche Milliarden Euro verschlungen hätte.

Auch muss man sich die Frage stellen, ob es nützlicher ist, Geld in eine „Große Lösung MEYER WERFT / Magnetschwebebahn Transrapid / Windkraftenergie" als in ein Prestigeobjekt „bemannte oder unbemannte Raumfahrt" zu investieren.

---

[33] Für die in Planung gewesene 37 km lange Transrapid-Strecke zwischen dem Münchener Hauptbahnhof und dem Flughafen München ging man 2008 von einer Kostenprognose in Höhe von 3 Milliarden Euro aus (vgl. Transrapid München, unter: http://de.wikipedia.org/wiki/Transrapid_M%C3%BCnchen#Kosten_und_Finanzierung).

Dazu folgende Presseveröffentlichung:

Raumfahrt

Deutschland soll zum Mond

Nach Ansicht des Raumfahrtkoordinators Peter Hintze soll Deutschland eine unbemannte Mission zum Mond schicken. Das Projekt würde etwa 1,5 Milliarden Euro kosten

Bereits im Jahr 2015 könnte es soweit sein: Zum ersten Mal in der Raumfahrtgeschichte landet eine deutsche Raumsonde auf dem Mond. Im *ZDF-Morgenmagazin* warb Peter Hintze, Regierungskoordinator für die deutsche Luft- und Raumfahrt, am Mittwoch für diese Idee. Bei der Kabinettssitzung will er das Projekt vorstellen.
…
Hintze räumte allerdings ein, dass im Moment noch das Geld fehlt. Er zeigte sich aber zuversichtlich: "Wir haben in diesem Jahr 5 Milliarden für die Abwrackprämie von alten Autos mobilisiert, dann werden wir für fünf Jahre vielleicht auch 1,5 Milliarden hinkriegen". …[34]

8.6 Machbarkeitsstudie[35] (Projektstudie)

Noch einmal: Es handelt sich um laienhafte visionäre Gedankenspiele, die vielleicht in den Bereich der Utopie oder Fiktion gehö-

---

[34] http://www.zeit.de/online/2009/33/mondmission-deutschland-hintze
[35] **Machbarkeitsstudie** – Eine Machbarkeitsstudie überprüft mögliche Lösungsansätze für ein Projekt hinsichtlich ihrer Durchführbarkeit. Im Rahmen einer Machbarkeitsstudie werden die Lösungsansätze analysiert, Risiken identifiziert und Erfolgsaussichten abgeschätzt. Überprüft wird dabei, ob mit dem jeweils betrachteten Lösungsansatz die vereinbarten Projektergebnisse (Werke, Liefergegenstände, Produkte) unter den vorgegebenen Rahmenbedingungen erstellt werden können. Die wirtschaftliche Beurteilung, ob die Projektergebnisse den erhofften Nutzen für den Auftraggeber bringen, ist hingegen nicht typischer Inhalt der Machbarkeitsstudie. Dies zu klären ist Aufgabe einer Kosten-Nutzen-Analyse bei der Erstellung des Business Cases. Zwecke einer Machbarkeitsstudie sind:
•Verhindern von Fehlinvestitionen
•Identifizierung des optimalen Lösungswegs
•Identifizierung von Risiken
Ergebnisse einer Machbarkeitsstudie sind:
•Analysen und Bewertungen der betrachteten Lösungswege
•Entscheidungsmöglichkeiten mit dokumentierten Chancen und Risiken
•Empfehlung für eine Entscheidung
Der Begriff "Machbarkeitsstudie" und ihre möglichen Inhalte sind in keiner Norm festgelegt., unter: http://www.projektmagazin.de/glossarterm/machbarkeitsstudie.

ren. Letztendlich müssten sich, wenn die Gedanken nicht zu abwegig sind, Experten aus allen relevanten Disziplinen zunächst mit einer Machbarkeitsstudie befassen.

8.7 Abschließender Hinweis

Ich bin, worauf ich noch einmal hinweise, kein Fachmann. Deshalb kann es durchaus sein, dass ich nicht immer die richtigen Fachbegriffe gefunden und verwendet habe.

Anhang

Autobiografien sowie Fach- und Sachbücher

von *Ernst Hunsicker*

Autobiografien

Highlights: Authentische Polizei- und Kriminalgeschichten –
Von der Polizeischule (1962) bis zur Pensionierung (2004) und die Zeit danach –
2. Auflage, GRIN Verlag (2011), 231 Seiten, 24,99 €* (Buch), 14,99 €* (eBook),

Authentische Polizei- und Kriminalgeschichten –
Stationen und Situationen mit Bildern aus einem langen Berufsleben –
Teil 1 (1962 bis Mai 1988),
GRIN Verlag (2008), 136 Seiten, 27,99 €* (Buch), 17,99 €* (eBook),

Authentische Polizei- und Kriminalgeschichten –
Stationen und Situationen mit Bildern aus einem langen Berufsleben –
Teil 2 (Juni 1988 bis 1996),
GRIN Verlag (2008), 184 Seiten, 27,99*€ (Buch), 17,99 €* (eBook),

Authentische Polizei- und Kriminalgeschichten –
Stationen und Situationen mit Bildern aus einem langen Berufsleben –
Teil 3 (1997 bis 2004 und die Zeit danach),
GRIN Verlag (2009), 204 Seiten, 27,99 €* (Buch), 17,99 €* (eBook),

Authentische Polizei- und Kriminalgeschichten –
Stationen und Situationen mit Bildern aus einem langen Berufsleben –
Teil 4 (Nachträge von 1962 bis 2009),
GRIN Verlag (2009), 53 Seiten, 9,99 €* (Buch), kostenlos (eBook), 0,99 €* (Druckver-
sion eBook),

Kindheits- und Jugenderinnerungen –
Ein Lebensabschnitt im exemplarischen Kontext mit historischen Ereignissen,
GRIN Verlag (2011), 217 Seiten, 24,99 €* (Buch), 14,99 €* (eBook).

Geowissenschaften/Geographie –
Fremdenverkehrsgeographie (Radfahren)

Radfahren in der Region Osnabrück – Münster – Bielefeld – Gütersloh –
Illustrierte sowie kommentierte Erlebnisse und Beobachtungen,
GRIN Verlag (2012), 205 Seiten, 24,99 €* (Buch), 14,99 €* (eBook).

Monografien: Präventive Gewinnabschöpfung

**Präventive Gewinnabschöpfung (PräGe) –
Entscheidungssammlung in Volltexten (Sammelband), <u>2. Auflage</u>**, GRIN Verlag
(2009), 226 Seiten, 24,99 €* (Buch), 14,99 €* (eBook),

**Verfassungsmäßigkeit der Präventiven Gewinnabschöpfung (PräGe) –
Beurteilung der Verfassungsmäßigkeit unter Einbindung der BVerfG-
Entscheidung zum erweiterten Verfall (§ 73d StGB) und der einschlägigen Recht-
sprechung (PräGe)**, GRIN Verlag (2009), 35 Seiten, 9,99 €* (Buch), 0 €* (eBook),

**Ländervergleich: Präventive Gewinnabschöpfung (PräGe) – Rechtsgrundlagen,
Rechtsprechung, Entwicklung und Stand in Deutschland – Vergleichbare Rechtsgrundlagen in Österreich und in der Schweiz?**, GRIN Verlag (2009), 97 Seiten,
12,99 €* (Buch), 7,99 €* (eBook),

**Präventive Gewinnabschöpfung (PräGe) in Theorie und Praxis –
Sicherstellung, Verwahrung von Verwertung von Gegenständen und (Bar-)Geld
aus Gründen der Gefahrenabwehr in Kooperation von Polizei, Staatsanwaltschaft
und Kommune (Osnabrücker Modell) – Arbeitshilfe – , <u>3. Auflage</u>**, Verlag für Poli-
zeiwissenschaft (2008), 175 Seiten, 14,90 €*.

Kriminologie, Kriminalitätskontrolle

**Kriminologische Regionalanalysen in der Stadt Osnabrück für die Jahre 1996/97,
2002/03 und 2007/08 – Problemkreise, Lösungsansätze, Umsetzungen und Wir-
kungen als Grundlagen für den Förderpreis der „Stiftung Kriminalprävention"
(Städtepreis 2009)**, GRIN Verlag (2010), 129 Seiten, 14,99 €* (Buch), 9,99 €* (e-
Book),

**Kriminalitätskontrolle am Beispiel der Stadt Osnabrück – oder: Ein beruflicher
Lebensabschnitt für Prävention und Repression (1988 bis 2004)**, GRIN Verlag
(2011), 255 Seiten, 29,99 €* (Buch), 19,99 €* (eBook).

Fachbücher

mit *Ernst Hunsicker*

**Das ressortübergreifende Präventionsmodell Osnabrück –
Initiativfunktion von Seiten der Polizei** (Seiten 189 ff.),
in: VEREINT GEGEN KRIMINALITÄT – Wege der kommunalen Kriminalprävention
in Deutschland, *Edwin Kube/Hans Schneider/Jürgen Stock* (Hrsg.),
Verlag Schmidt-Römhild (1996), 331 Seiten, 10,00 €*,

Führung von V-Personen (KR 12, Seiten 1-16),
in: KRIMINALISTEN-FACHBUCH (KFB) – Kriminalistische Kompetenz, Verlag
Schmidt-Römhild (2000), 52,00* € (36,00 €* für BDK-Mitglieder, Preis auch für CD-
ROM-Ausgabe),

Möglichkeiten und Grenzen besonderer Beweissicherungsmaßnahmen
(KR 21, Seiten 1-87, zusammen mit *Rolf Jaeger*),
in: KRIMINALISTEN-FACHBUCH (KFB) – Kriminalistische Kompetenz, Verlag
Schmidt-Römhild (2000), Preise wie vorstehend,

Kriminologische Regionalanalyse Osnabrück 1996/97 zum Thema
„Mehr Sicherheit für uns in Osnabrück",
Print & Media Center Wallenhorst, 250 Seiten (ohne Anlagen), zusammen mit *Bern-
hard Bruns, Martin Oevermann* und *Martin Ratermann* (Auflage vergriffen),

Bürgerbefragungen zur subjektiven Sicherheit in Osnabrück –
oder: Ertrag und Wirkung von (kommunaler) Kriminalprävention (Seiten 127 ff.),
in: Angewandte Kriminologie und Kriminalprävention;
Entwicklungen, Sachstand und Perspektiven,
Festschrift für *Dr. Joachim Jäger* zum 65. Geburtstag,
Schriftenreihe der Polizei-Führungs-Akademie,
Sächsisches Druck- und Verlagshaus AG (2003), 176 Seiten,

Entwicklung der kommunalen Kriminalprävention in Osnabrück seit 1989 (Seiten
945-961), in: Kriminalpolitik und ihre wissenschaftlichen Grundlagen – Festschrift für
Professor Dr. Hans-Dieter Schwind zum 70. Geburtstag,
Thomas Feltes, Christian Pfeiffer, Gernot Steinhilper (Hrsg.),
C.F. Müller, Verlagsgruppe Hüthig Jehle Rehm GmbH (2006), 1.204 Seiten, 298,00 €*,

Kriminologische Regionalanalyse Osnabrück 2007/08 zum Thema **„Sicherheit und**
soziales Leben in Osnabrück", 165 Seiten (ohne Anlagen), zusammen mit *Martin
Oevermann, Manfred Rolfes, Wolfgang Wellmann, Wolfgang Zimmerer* und *Oliver Vo-
ges*, 15,00 €*.

---

*Die Bücher unterliegen der Preisbindung, sodass Preisänderungen möglich sind.

Aus der Vita des Verfassers

Ernst Hunsicker (*1944), Kriminaldirektor a.D., hat eine besondere Beziehung zum Emsland. Einen Teil seiner Kindheit und seine gesamte Jugendzeit verbrachte er von 1955 bis 1962 in dem Dorf Rühle (Ems) bei Meppen (heute Ortsteil von Meppen). Er besuchte die Volksschule in Rühle und die Realschule in Meppen. In der Schüler- und Jugendmannschaft des SV Rühle und in der A-Jugend des SV Meppen spielte er während dieser Zeit Fußball.[36]

Während seiner Polizeidienstzeit (1962 bis 2004) machte *Hunsicker* dreimal Station in Lingen (Ems)[37]: 1965 bis 1967 als Streifenbeamter im SOV-Dienst (Sicherheit, Ordnung, Verkehr) beim Polizeiabschnitt Lingen mit Wohnsitz in Lingen-Laxten, 1978 bis 1982 als Angehöriger der Kriminalpolizeiinspektion Lingen mit Familienwohnsitz in Emsbüren/LK Emsland und 1993/94 als Leiter der Kriminalpolizeiinspektion Lingen mit den nachgeordneten Kriminalkommissariaten in Meppen, Nordhorn und Papenburg.

---

[36] *Hunsicker, Ernst*, Kapitel 5 – Rühle/Ems und Meppen/Ems, S. 99 ff., in: Kindheits- und Jugenderinnerungen – Ein Lebensabschnitt im exemplarischen Kontext mit historischen Ereignissen, 217 Seiten, GRIN Verlag (2011).

[37] *Hunsicker, Ernst*, Authentische Polizei- und Kriminalgeschichten – Stationen und Situationen mit Bildern aus einem langen Berufsleben – 1962 bis 1988, 136 Seiten, GRIN Verlag (2008) **sowie**
Hunsicker, Ernst, Highlights: Authentische Polizei- und Kriminalgeschichten – Von der Polizeischule (1962) bis zur Pensionierung (2004) und die Zeit danach, 231 Seiten, GRIN Verlag (2011).